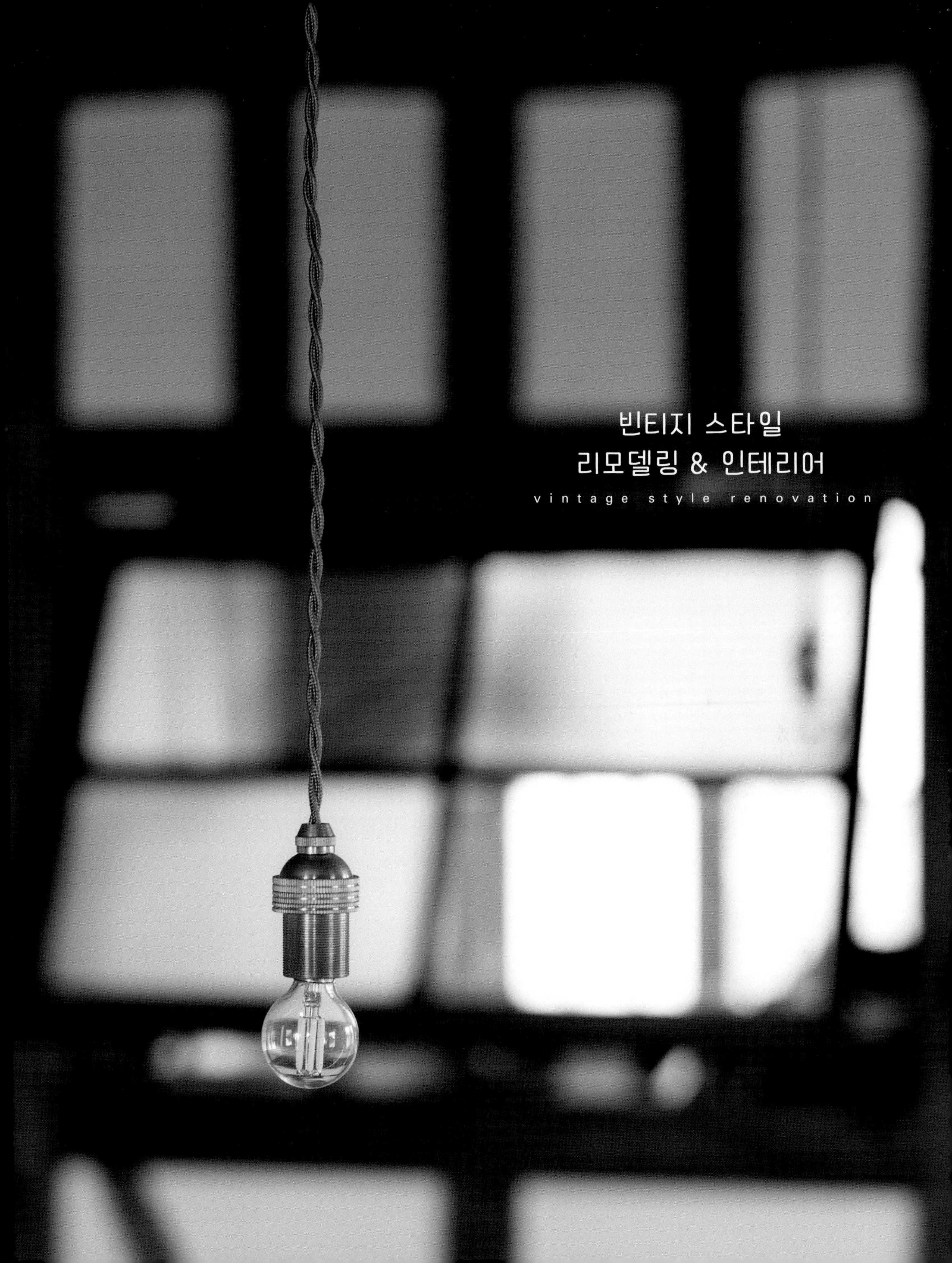

빈티지 스타일 리모델링 & 인테리어

vintage style renovation

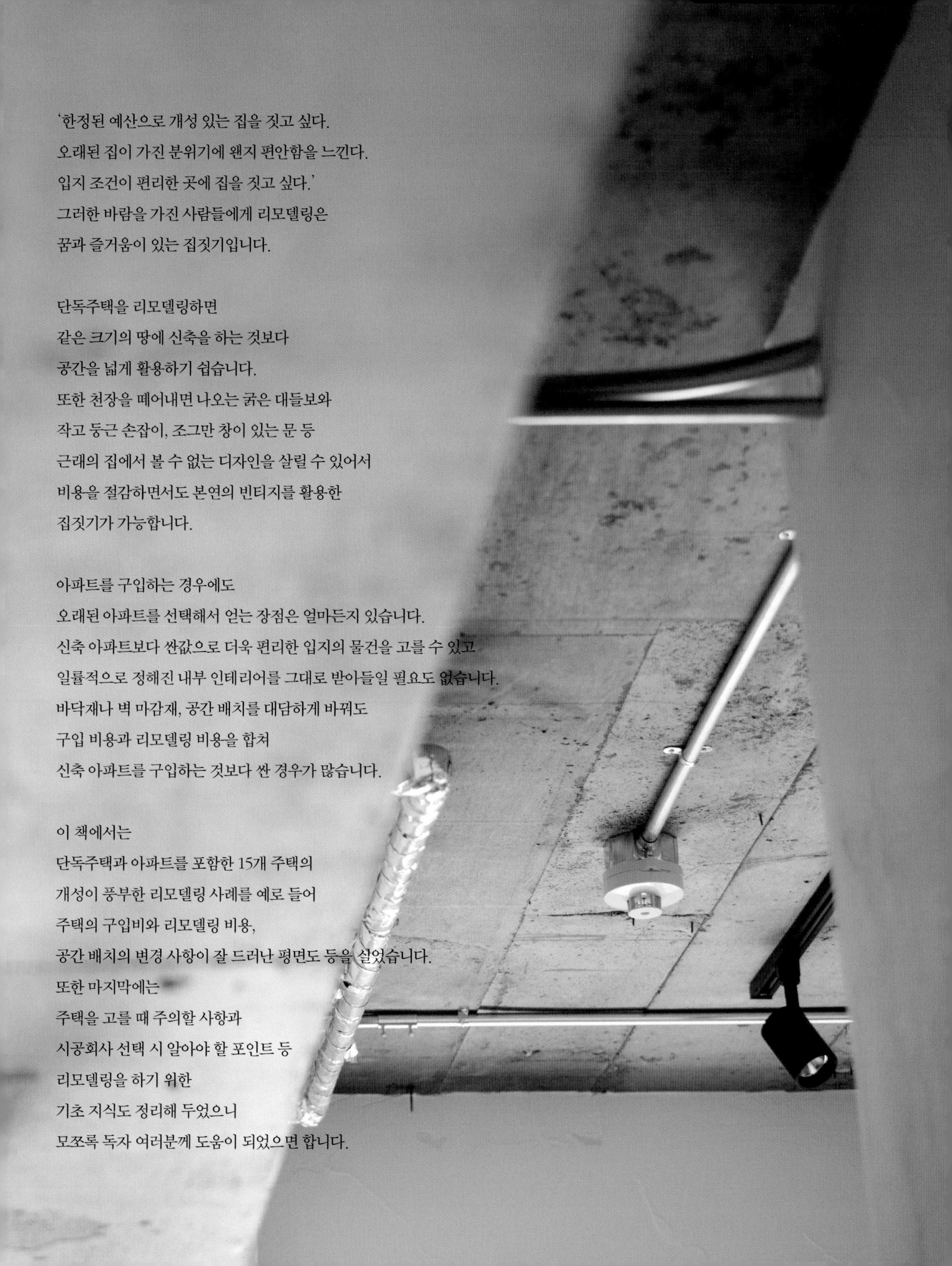

'한정된 예산으로 개성 있는 집을 짓고 싶다.
오래된 집이 가진 분위기에 왠지 편안함을 느낀다.
입지 조건이 편리한 곳에 집을 짓고 싶다.'
그러한 바람을 가진 사람들에게 리모델링은
꿈과 즐거움이 있는 집짓기입니다.

단독주택을 리모델링하면
같은 크기의 땅에 신축을 하는 것보다
공간을 넓게 활용하기 쉽습니다.
또한 천장을 떼어내면 나오는 굵은 대들보와
작고 둥근 손잡이, 조그만 창이 있는 문 등
근래의 집에서 볼 수 없는 디자인을 살릴 수 있어서
비용을 절감하면서도 본연의 빈티지를 활용한
집짓기가 가능합니다.

아파트를 구입하는 경우에도
오래된 아파트를 선택해서 얻는 장점은 얼마든지 있습니다.
신축 아파트보다 싼값으로 더욱 편리한 입지의 물건을 고를 수 있고
일률적으로 정해진 내부 인테리어를 그대로 받아들일 필요도 없습니다.
바닥재나 벽 마감재, 공간 배치를 대담하게 바꿔도
구입 비용과 리모델링 비용을 합쳐
신축 아파트를 구입하는 것보다 싼 경우가 많습니다.

이 책에서는
단독주택과 아파트를 포함한 15개 주택의
개성이 풍부한 리모델링 사례를 예로 들어
주택의 구입비와 리모델링 비용,
공간 배치의 변경 사항이 잘 드러난 평면도 등을 실었습니다.
또한 마지막에는
주택을 고를 때 주의할 사항과
시공회사 선택 시 알아야 할 포인트 등
리모델링을 하기 위한
기초 지식도 정리해 두었으니
모쪼록 독자 여러분께 도움이 되었으면 합니다.

contents

SECTION 01 오래된 건물을 좋아하는 사람들의 운치 있는 빈티지 하우스

SECTION 02 오래된 아파트를 리모델링해서 스타일리시한 공간으로

외국의 농가 분위기가 나는 집에 끌립니다.
일본식과 서양식이 절충된 복고풍의 집이 좋습니다.
옛날 초등학교 같은, 정겨운 분위기의 집….
여기에 그러한 개성이 풍부한 집짓기를 실현한
8개 주택의 리모델링 사례를 자세히 소개했습니다.
독특한 아이디어가 있는 주택을 선별했으니
좋은 참고가 되었으면 좋겠습니다.

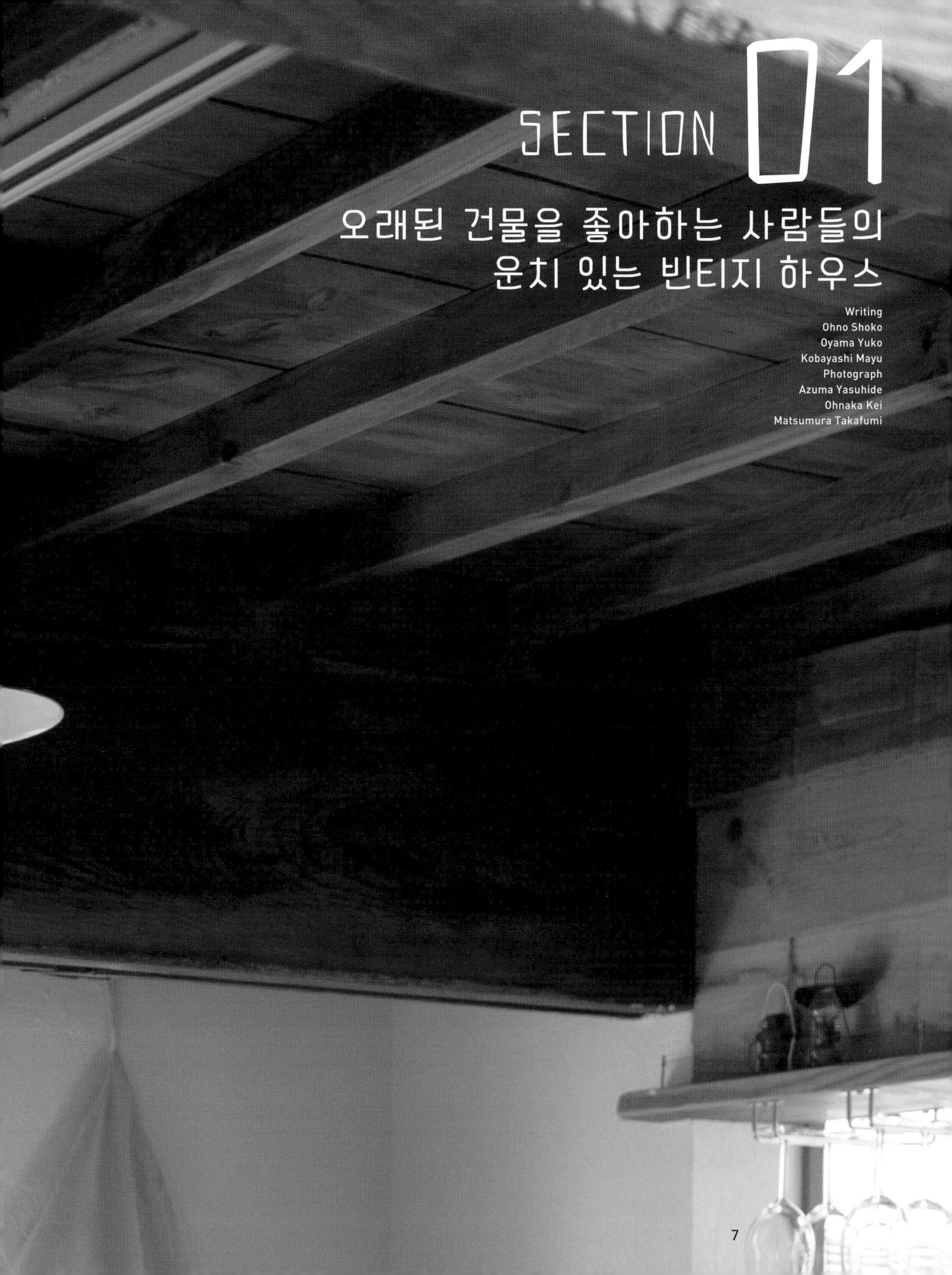

SECTION 01

오래된 건물을 좋아하는 사람들의 운치 있는 빈티지 하우스

Writing
Ohno Shoko
Oyama Yuko
Kobayashi Mayu
Photograph
Azuma Yasuhide
Ohnaka Kei
Matsumura Takafumi

CASE 01

55년 된 고향집의 헛간을 프랑스풍 전원주택으로

T · I 씨

저의 본가는 대대로 농사를 짓던 집으로 오래전에 지은 창고가 딸려 있습니다. 어릴 적, 아버지가 창고 2층에 약 3평 크기의 다다미방을 아이들 방으로 만들어줘서 그 시절의 추억이 가득합니다. 긴 시간 동안 방치해 짐을 꺼내기가 힘들 정도였습니다.

주택구입가격 | 없음

Before

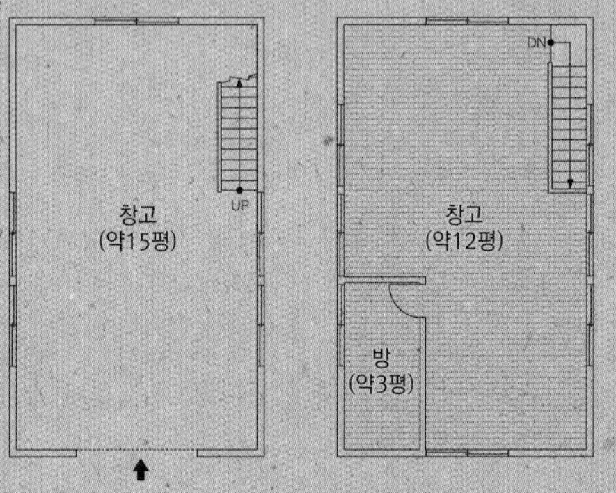

After

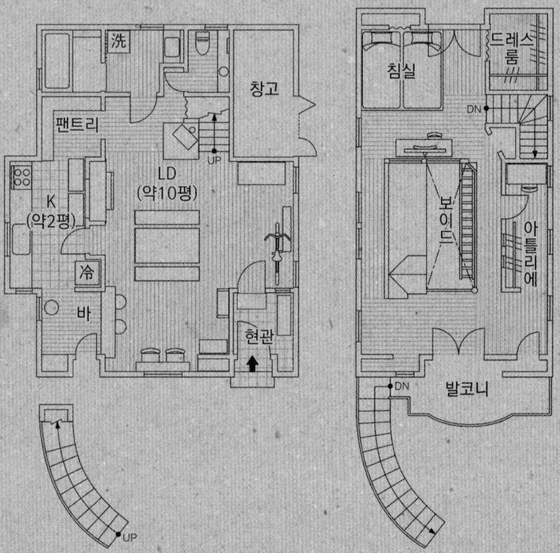

※ LDK : 거실(Living), 식당(Dining), 주방(Kitchen)이 연결된 구조를 말함.
※ 도면에서 洗는 '세탁기', 冷은 '냉장고'를 의미합니다.

리모델링 비용 2억 원

주요 리모델링 사항 / 외벽단열공사 / 바닥공사 / 2층 일부 천장 철거 / 현관·거실 일부·1층 창고 증축 / 거실·식당·침실·아틀리에·주방·세면실·욕실·화장실·발코니·외부 계단 신설 / 지붕 교체 / 외벽공사 / 실내벽 마감 / 장작 난로 설치 / 유리창 설치 / 문 설치

before

이전에는 곡식을 보관하는 창고로 이용했습니다. 1층과 2층 모두 각각 15평 정도의 넓은 공간. 2층의 3평 정도를 허물어 커다란 대들보를 드러낼 계획입니다.

리모델링 DATA

가족구성 / T · I 씨(36세), K 씨(33세), N(딸, 4세)
건축년수 / 55년
공간구성 / 2층으로 된 창고 + 방1
→ 방2 + LDK + 드레스룸 + 팬트리 + 발코니 + 창고
총면적 / 107.8㎡(32.61평) (1층/53.9㎡, 2층/53.9㎡)
주택구입가격 / 없음 (집주인의 본가이므로)

리모델링 비용 / 2억 원
리모델링 면적 / 123.76㎡(37.44평) ※ 증축분 포함
보강공사 / 바닥 아래 작은 기둥 보강, 가스공사, 전기공사, 수도공사
설계·시공 / 야타베 건축
HP / www.yatabe-build.com

(위) 농촌에서 흔히 볼 수 있는, 수확물과 농기구를 보관하는 창고입니다. 지은 지 55년이 되었지만 끄떡없어 보입니다. (아래) 외벽은 회반죽으로 마감하고, 지붕은 기와를 걷어내고 싱글(석유 원료로 만들어진 가볍고 유연성 좋은 지붕재)을 시공했습니다. 현관문은 앤티크한 분위기로 제작했습니다.

대들보 등의 목재는 전부 윤이 나게 닦았습니다. 바닥은 소나무 원목이어서 왁코 오일의 내추럴과 다크브라운을 4대 1로 섞어 칠했습니다.

Living & Dining Room

프랑스풍 전원주택을 좋아하는 저희가
집짓기의 무대로 삼은 것은
시댁 소유인 낡은 창고였습니다.

1층 벽에는 짚이 섞인 회반죽을 사용해서 포도 잎과 보리를 붙였습니다. 아치형 문은 팬트리(pantry, 식료품 창고) 입구.

1 실내 지붕은 판자의 간격을 넓혀서 시공했습니다. **2** 다락방의 채광창인 도머(dormer)는 설계자의 아이디어로 만들어졌고, 냉장고를 가리는 역할도 합니다.

2층 바닥의 중앙 부분을 없애고 1층부터 오픈시킨 보이드(void, 층간 구획 없이 트여 있는 공간)로 설계. 아치형 문의 반대편이 현관입니다.

도머와 판자로 덮은 지붕으로 이국적인 실내 분위기 연출

저희 부부가 꿈꾸던 삶은 정원에서 채소와 허브를 키우며 프랑스의 시골에 있을 법한 소박한 집에서 느긋하게 생활하는 것이었습니다. 어느 날 우리가 꿈꾸던 건물을 만났습니다. 이바라키 현 시모쓰마 시에 있는 〈카페 라 파뮤〉라는 곳입니다. 회벽을 칠한 소박한 건물에 바닥에는 낡은 목재가 깔려 있어 편안한 분위기의 공간이었습니다. 신축도 고민해보았지만 남편의 직장이 가까운 곳은 땅값이 비싸서 엄두가 나지 않았지요. 그러다가 시댁의 마당에 있던 창고를 리모델링하면 어떨까 생각했습니다. 차고 겸 물건을 방치하던 곳이었지만 건물은 튼튼했고 공간도 충분했지요. 커다란 대들보도 매력적이었습니다. 다행히도 시댁에서 '좋다'는 허락을 받았고, 곧바로 남편과 함께 〈카페 라 파뮤〉를 만든 설계자를 찾았습니다.

앤티크 문

주방문은 오래된 골동품을 찾아 달았습니다. 문의 크기에 맞춰서 벽을 만들어주었습니다.

Pantry

조미료나 식기, 주방 기구 등을 모두 수납할 수 있는 팬트리. 거실 옆으로 입구를 만들었습니다.

Toilet & Sanitary

팬트리에서 나오면 바로 왼쪽으로 화장실이 있습니다. 화장실을 넓게 만들어서 놀러온 친구에게 부러움을 샀습니다. 세면대 벽에 컬러 타일을 경계선으로 붙여 구분한 것이 볼수록 마음에 듭니다.

공간 절약형 양변기

양변기는 물탱크가 작은 공간 절약형으로 설치했고, 수전은 집 분위기와 어울리는 앤티크 제품.

사용이 편한 세면대

둥글면서 네모난 세면대는 크기가 커서 사용하기 편한 것이 장점입니다.

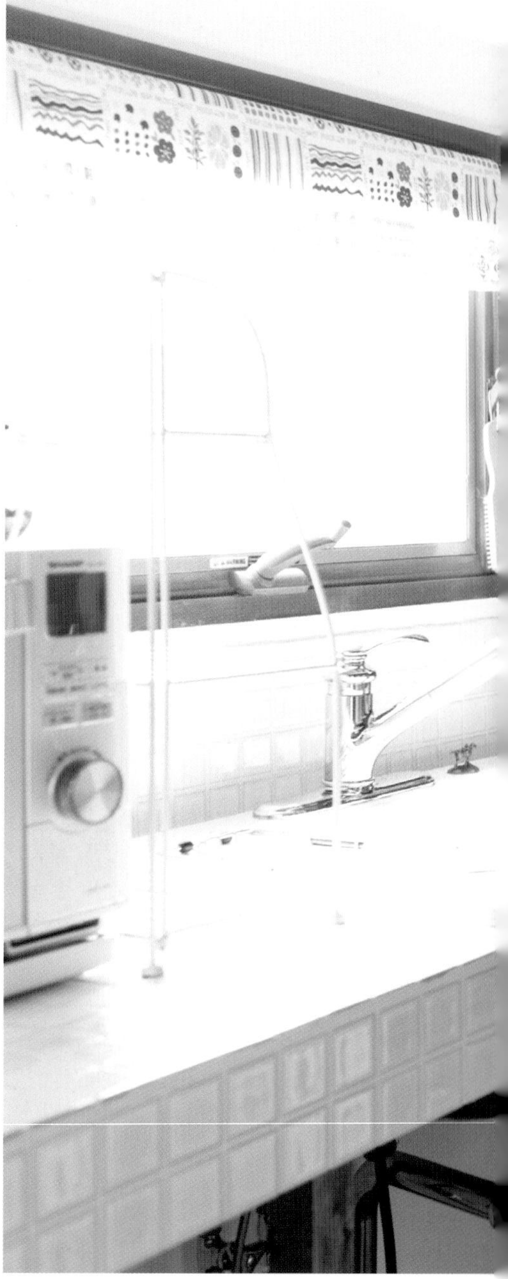

Kitchen

타일은 시어머니와 제가 함께 시공했습니다. 창은 햇빛을 가득 담을 수 있는 가로창. 냄비와 컵을 걸어두어 앤티크 창의 방범울타리 역할을 합니다.

모델로 삼은 카페의 설계자에게
리모델링 공사를 의뢰하고
가족 모두가 집짓기에 함께 했습니다.

벽과 바닥 타일

1 주방 벽을 접착식 타일로 시공했습니다. 2 바닥은 유약 처리를 하지 않은 스페인산 타일로 마감했습니다. 색깔의 진하기가 다른 것도 수제 타일의 매력입니다.

1

2

주방 환기장치를 설치하려면 공간이 필요했기 때문에 주방 공간을 조금 증축했습니다.

2층까지 오픈된 거실 보이드 모습. 붉은 지붕의 방은 저의 작업실입니다. 난간은 철제 주물 난간으로 주문 제작했습니다.

장작 난로

우리 집의 얼굴격인 장작 난로는 굴뚝 값과 공사비를 합쳐 1천만 원이 들었습니다. 냄비 요리를 할 때 제격입니다.

계단을 오르면 침실이 나옵니다. 커튼 안쪽에는 약 1평가량의 드레스룸이 있습니다.

2층은 중앙의 바닥을 없애고 복도에 작업실용 방을 만들었습니다. 작은 발코니는 덤!

공사를 시작하기 전에 먼저 설계자에게 원하는 사항을 몇 가지 설명했습니다. 거실과 식당 공간은 넓어야 하고, 벽은 회반죽으로 칠하고, 바닥은 원목으로. 장작 난로를 설치하고 싶고, 주방후드는 침니형으로. 그 밖의 것은 설계자의 손에 맡기기로 하겠습니다! 라고.
다만 비용은 조금이라도 아낄 수 있다면 좋겠다고. 그래서 벽과 바닥 도장, 타일 시공, 콘크리트 철거는 저희가 직접 하기로 했습니다.
하지만 공사가 시작된 지 6개월쯤, 기누 강의 범람으로 1층이 토사로 덮여버리는 참사가….

Atelier

천으로 소품 만드는 것을 좋아해서 작업실에서 인형이나 옷을 만듭니다. 프랑스의 시골에 있는 봉제실과 같은 이미지로 꾸몄습니다.

Bedroom

침실 바닥을 한 단 높여서 매트리스를 놓았습니다. 1층에 유닛바스(unit+bath, 변기와 세면대, 욕조 등을 일체화하여 설비한 것)를 넣기 위해 바닥을 높여야 했고, 천장고도 같이 높여서 이 부분을 이용한 것입니다.

그렇지만 이 일로 물이 막히는 곳을 점검할 수 있었고, 배수를 위한 공사를 꼼꼼히 챙길 수 있었습니다. 실제 거주하면서 알게 된 것은 겨울철이면 춥다는 사실. 1층 마루 밑이 낮아서 단열공사를 할 수 없었기 때문입니다. 장작 난로의 온기도 2층으로 올라가 버려 올해는 단열 대책을 세웠습니다. 프랑스의 오래된 집을 목표로 했었기 때문에 이러한 일도 즐겁게 해낼 것입니다.

1

2

1 휴일에는 발코니에서 점심을 먹는 것이 하나의 즐거움이 되었습니다. **2** 프랑스의 골동품 창을 달았습니다. 이바라키 현에 프랑스 마을을 만드는 것이 꿈입니다. 블로그 www.ibafralife.com에 살아가는 모습을 담고 있습니다.

CASE 02

87년 된 치과병원을 복고풍의 서양식 주택으로

T · S 씨

멋스럽게 지어진 낡은 물건을 취급하는 〈MET 부동산부〉 사이트에서 이 집을 발견. 부부 모두 복고풍의 집을 좋아하기에 한눈에 매료되었습니다. 근처에는 멋스러운 건물들이 많았습니다. 시내 중심지여서 2개 역에서 도보 거리가 되는 것도 이 집의 장점이었습니다.

Before

After

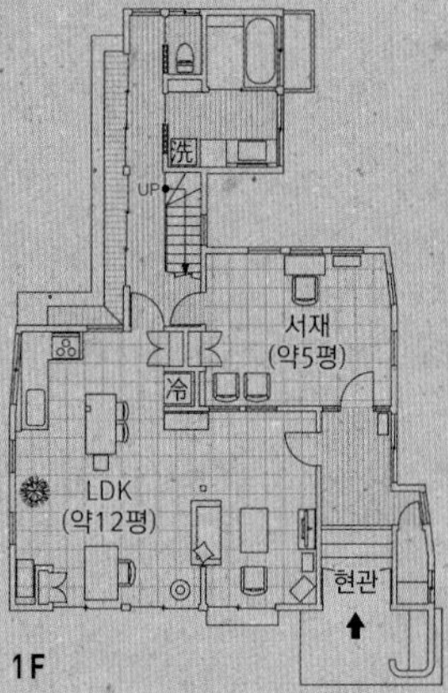

※ 공간 배치도는 1층만(2층은 생략).

before

지은 지 87년된 치과병원으로 일본식과 서양식이 절충된 집입니다. 예스러운 디자인을 남기고 싶어서 거실과 식당의 창만 교체했습니다.

주택구입가격 | 6천3백만 원

before

1 뒤편에는 여러 번 증축했던 일본식 건물이 있어 마치 폐허 같았습니다. **2** 현관은 양문형 여닫이로 예스러움이 물씬. **3** 진찰실에는 커다란 오르내리 창이 줄지어 있어 복고풍의 분위기를 자아냅니다.

리모델링 비용 2억3천450만 원

주요 리모델링 사항 / 공간 배치 변경(뒤편의 일본식 건물을 철거하고 개축함) / 계단홀 신설 / 세면실 · 욕실 · 화장실 만들고 LDK 창문 교체 / 바닥재 마감 / 주방과 카운터 제작 / 상하수도 설비공사 / 진료실 창은 분해해서 보수한 뒤 재도장

리모델링 DATA

가족구성 / T · S 씨(33세), Y 씨(29세)
건축년수 / 87년
공간구성 / 방7 + LDK + 진료실 → 방3 + LDK + 서재
총면적 / 228.68㎡(69.18평) (1층/140.90㎡, 2층/87.78㎡)
주택구입가격 / 6천3백만 원
리모델링 비용 / 2억1천5백만 원(외부 공사비 포함) + 설계비 · 감리비 1천950만 원

리모델링 면적 / 208.8㎡(63.16평)
보강공사 / 단열공사, 내진공사(기초증설, 내력벽 증설), 전기배선과 설비, 배관 수리, 공기정화장치 교체
설계 / 소우에몬 일급건축사사무소
HP / www.souemon.net
시공 / 기미지마 건축
HP / www.kimi-ken.com

복도는 2미터 정도의 폭으로 꽤 넓은 편입니다. 자갈노출포장(잔돌이 드러나게 표면을 씻어내는 방식)으로 시공된 현관 돌바닥과 목재 마루는 그대로 사용하기로 했습니다. 마룻바닥은 밀랍 왁스로 손질했습니다.

슬라이드식 식품 수납장

벽에 붙은 베니어합판을 당기면 나타나는 붙박이식 캐비닛. 일부를 서랍식 수납장으로 개조했습니다.

없애기 힘든 기둥을 이용해 주방 카운터로 만들었습니다. 차를 만들거나 음식을 만드는 요긴한 장소입니다.

Living Room

1 대기실의 반을 거실로 만들었습니다. 문 반대쪽은 현관으로 이어지는 복도입니다. 2 벽과 천장은 부부가 직접 회반죽칠을 했습니다.

바둑판식 마루

빈티지한 멋을 살려 마루는 화이트우드를 바둑판 모양으로 깔고 방수와 항균 작용이 강한 감물을 발랐습니다.

복고풍의 건물이 좋아서
근처의 물건을 봐두고
슬쩍 가격만 물어보려고 갔다가
운명의 집을 만날 수 있었습니다.
그때부터 일이 급전개!

앞쪽 기둥까지 있던 벽을 허물어 거실을 확장하고, 단열을 강화해서 따뜻한 방을 만들었습니다.

오르내리창

'로이유리(low-E glass, 유리 표면에 얇게 금속코팅을 해서 열 이동을 최소화시켜 주는 에너지 절약형 유리)'를 넣은 목재 창문을 만들고, 원래 있었던 스테인드글라스는 그대로 살렸습니다.

결혼을 하면서 신혼집으로 고른 주택은 지은 지 87년이 된, 치과병원으로 쓰던 건물입니다. 한눈에도 폐허로 방치된 건물을 신혼집으로 선택하는 커플은 없겠지요.

하지만 저와 남편은 오래된 건물이나 가구를 좋아했습니다. 먼 훗날에는 복고풍의 집에 살아보자 꿈도 꾸었었지요. 그러던 중에 만난 것이 바로 이 서양식과 일본식이 절충된 건물이었습니다. 서양식은 여러 번 개축되어 있었고 방은 작게 나뉜 상태. 뒤편에는 증축된 일본식 건물이 있었는데 무너지기 일보직전이었습니다. 다만 돌로 된 현관만은 위엄 있어 보였고 진료실의 분위기는 옛 서양식 그대로였습니다.

황갈색으로 변한 문 손잡이도 지난 세월을 고스란히 담고 있었습니다. 처음에는 구경만 할 생각으로 갔었지만 "가격을 반으로 해드리겠습니다!"라는 말을 듣고 덜컥 구입하게 되었습니다.

하지만 임대 부분이 있어서 경계선이 애매했습니다. 대출 심사를 통과하기 힘들 거라 해서 설계사와 건축사사무소에 조사를 의뢰해 자료를 모아 은행으로 갔습니다. 그런데 은행 직원의 떨떠름한 표정이라니….

카운터 안쪽으로 각종 물건을 감추도록 수납해 완성한 주방 모습입니다. 가스레인지도 복고풍의 집에 어울리는 제품으로 설치했습니다.

Kitchen & Dining Room

90세를 바라보는 이 집은
복고풍의 오르내리창에 의료도구 찬장 등
오래된 집의 멋스러움이 가득했습니다.
되도록 그 멋을 살려 사용하고 있습니다.

주방은 오픈 형태로 설계하고, 방을 넓게 쓸 수 있도록 벽 쪽으로 붙였습니다. 밝기도 하고 동선도 좋으니 더욱 마음에 듭니다.

L자형 주방

주방의 본체는 시공사에서 제작했습니다. 싱크대는 상판을 스테인리스로, 수납은 오픈형으로 사용이 편리합니다.

수전

간결한 형태의 〈TOTO〉 싱글 혼합형 수전. 핸드샤워 타입. 싱크대와 동일한 컬러로 맞춰 심플합니다.

은행에서 떨떠름한 반응을 보였던 것은 하자담보책임(결함이 있는 경우 파는 사람이 책임져야 하는 의무)이 없었기 때문. 그리고 역시 임대 부분이 문제였습니다. 그래서 건축사사무소 직원이 은행에 임대 부분의 건물을 철거하는 것과 거기에 새 건물을 짓지 않겠다는 등 리모델링 계획을 자세히 설명해주었습니다. 그 덕분에 무사히 대출 문제를 해결할 수 있었습니다.

설계 계획을 세울 때, 진료실은 되도록 옛날 모습 그대로를 남기고 싶다고 요청했습니다. 증축했던 부분은 부수고 세면실과 화장실, 계단만 만들기로 했습니다. 벽과 복도에 단열재를 제대로 보강하고, 창은 단열창으로 교체했기 때문에 실내를 쾌적하게 만들 수 있었습니다.

신혼여행을 가는 대신에 휴가를 얻어 벽과 천장에 회반죽 칠을 한 것도 잊지 못할 추억이 되었습니다. 무척 힘들었지만 그만큼 애착이 가는 편안한 공간으로 완성되었습니다.

1 이 집에는 현대적인 전자제품이 어울리지 않아서 되도록 숨기는 수납을 택했습니다. 전자레인지는 카운터 식탁 아래쪽에 넣었습니다. 2 진료실에 있던 수납장의 판자를 떼어내고 냉장고를 수납.

냉장고

냉장고는 문과 일체감을 갖도록 평면적인 문이 특징인 제품으로 골랐습니다.

세면대

사용이 편한 넓은 사각형의 볼을 선택하고, 수전은 〈TOTO〉의 주방용 싱글레버 혼합형 수전으로 설치했습니다.

Sanitary

세면대는 모르타르(시멘트와 모래를 물로 반죽한 것)로 깔끔하게 마감했습니다. 거울은 라인이 독특한 앤티크 제품으로 구입했습니다.

Staircase

새로 만든 계단홀의 복도는 그 옛날 초등학교의 복도를 떠올려서 바닥재는 화이트파인 마루를 깔고 감물을 세 번 발랐습니다.

세면실과 화장실 문입니다. 예전에 있던 것을 잘 닦아서 재이용했습니다. 공간 절약을 위해서 미닫이문으로 만들었습니다.

before

폐허처럼 된 증축된 부분은 아예 철거하고 공간을 줄여서 세면실, 욕실, 화장실, 계단을 만들었습니다. 마당으로 이어지는 바깥쪽에 툇마루를 제작해 별채 분위기를 더했습니다.

오랜 시간 사용하지 않은 진료실. 목재로 된 오르내리창과 채광창도 있습니다. 이러한 멋스러운 분위기를 깨지 않기 위한 리모델링 아이디어가 필요했습니다.

기존의 진료실은 남편의 취미생활을 위한 방으로.
건물의 뒤편 주거 부분을 해체해서
그곳에 계단홀을 만들었습니다.

실내창은 거실의 유리문을 재이용해서 만든 것. 벽은 새로 시공했고 반대편에 거실이 위치합니다.

오르내리창

오르내리창은 로프로 들어올리는 타입. 해체한 뒤에 먼지를 닦아내고 다시 짜 맞추었습니다.

문

원래 있었던 것을 그대로 이용했는데, 황갈색으로 변한 둥근 놋쇠 손잡이가 멋스럽습니다.

CASE 03

36년 된 작은 단층집을 옛날 초등학교 같은 집으로

C · U 씨

현관을 들어서면 양쪽의 벽이 조여들듯 늘어선 좁은 복도가 나옵니다. 답답하고 컴컴한 복도를 개선해야 했습니다.

다른 집을 보고 오면서 큰 기대 없이 들렀다가 만난 집. 외관은 낡았지만 내부는 이상적이었습니다. 한적한 주택가에 정원까지 딸려 있어 아이를 키우기 적합한 환경도 마음에 들었습니다.

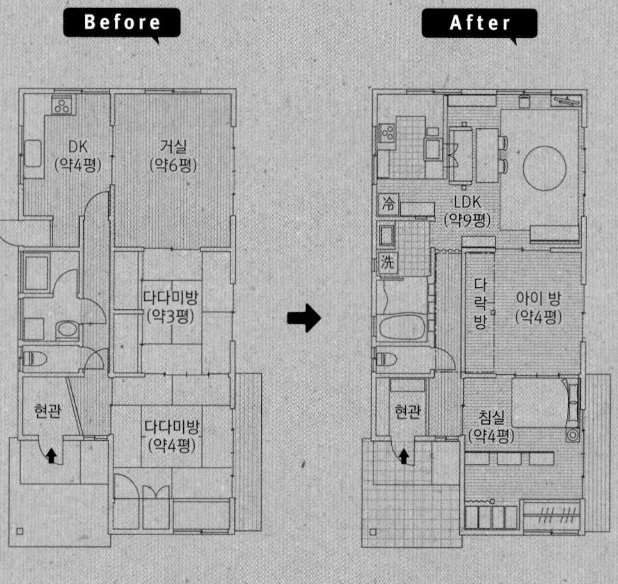

주택구입가격 | 1억1천만 원

before

1 주방은 넓어 보이는 L자형이지만 아쉽게도 구식 싱크대가 낡아 보여서 '할머니 주방' 같은 느낌이었습니다. 2 거실 옆은 다다미방이었습니다. 3 거실은 좁아 보였고 바닥은 윤기 나는 마루입니다.

리모델링 비용 8천만 원

주요 리모델링 사항 / 다다미방을 양실로 변경 / 벽장 일부를 철거하고 천장을 뚫어 다락방 신설 / LDK를 하나로 잇고 가벽 설치 / 기존 기둥은 칠하고 바닥 교체 / 복도 벽과 LDK 벽은 회반죽 마감 / 복도 벽을 만들고 틈새 수리 / 주방 벽·바닥 타일 시공 / 욕실·화장실 교체 / 세면대 제작 등

리모델링 DATA

가족구성 / C · U 씨(30세), 남편(30세), 딸(3세)
건축년수 / 36년
공간구성 / 방2 + LDK → 방2 + LDK
총면적 / 81.17㎡(24.55평)
주택구입가격 / 1억1천만 원

리모델링 비용 / 8천만 원
리모델링 면적 / 81.17㎡(24.55평)
보강공사 / 기초보강공사
시공 / 다카노 홈
HP / www.reform-takano.com

새로 만든 다락방의 바닥을 칠하지 않고 그대로 복도 천장으로 살렸습니다. 화장실 문은 인터넷 사이트에서 찾은 제품이며 저희 손으로 직접 설치했습니다.

거실 옆은 아이 방과 저의 재봉 공간. 유리문은
후쿠오카의 중고 상점에서 발견한 것입니다.

탁자는 인터넷에서 주문해 약 20만 원에 구입.
의자는 벼룩시장에서 찾아낸 것들입니다.

Entrance

현관은 대부분 DIY로 완성했습니다. 벽면과 천장은 하얗게 페인트칠하고 타일이 깔린 돌바닥도 직접 모르타르를 발랐습니다. 신발장도 손수 제작했습니다.

현관 바닥

현관 바닥을 빈티지하게 꾸미고 싶어서 모르타르로 잔재주를 부려 거칠게 발랐습니다. 1시간이면 마르는 건조성 타입을 사용해 쉽게 시공할 수 있었습니다.

비용이 좀 들었지만 복도와 거실, 식당의 벽을 회반죽으로 칠한 것은 다시 봐도 마음에 듭니다. 방이 밝아졌고 공기도 상쾌해졌습니다.

바닥재

바닥재는 130㎜ 폭의 삼나무 원목을 사용해 나무옹이와 나뭇결이 무척 자연스럽습니다.

거실과 주방을 구분하는 벽의 위치를 50㎝ 옮겨서 거실을 넓게 만들었습니다. 없애지 않은 기둥은 그대로 살려서 공간에 변화를 주었습니다.

30군데 이상을 둘러보다가 이 집에 특별히 끌린 이유는 우리 부부가 좋아하는 고가구와 문이 잘 어울릴 것 같아서였습니다.

의상학과 전공자로서 복고풍의 옷감을 좋아했던 저와 디자이너에서 간판상이 된 남편. 두 사람 모두 옛날 옷이나 가구를 좋아하는 공통점이 있어서 결혼을 한 후에도 월세가 비싼 오래된 단독주택에 살았습니다. 그 즈음에 DIY를 시작하기도 했고 집안 구석구석까지 원하는 대로 꾸미고 싶은 욕심이 났습니다.

하지만 새로 집을 짓는 일은 엄두도 못 내고 처음부터 리모델링을 선택했습니다. 그렇지만 아무리 찾아도 저희가 살고 싶은 마땅한 집은 없었습니다. 이 집을 발견하기까지 2년이라는 시간이 걸렸지요.

집의 크기와 예스러움이 저희가 꿈꾸던 것과 딱 맞았고, 조금씩 모아둔 오래된 가구와 문이 잘 어울릴 거라는 점도 마음에 들었습니다. 전 주인이던 할머니가 정성스레 손보며 살았던 흔적이 전해져서 저와 남편은 단번에 끌렸습니다.

리모델링이 마음에 든 이유는 DIY를 할 수 있다는 것입니다.

Bedroom

1 다다미는 마루재로 교체. 수납공간이 부족해 침실에 서랍과 선반을 넉넉하게 제작하고, 삼나무 목재로 가벽을 만들었습니다. 2 도코노마(다다미방의 바닥을 한층 높게 만든 곳. 벽에는 족자를 걸고, 바닥에는 꽃이나 장식물로 꾸며 놓음)는 맹장지문을 열면 옷장으로 변신합니다.

리모델링이란 '이것도 쓰고 싶고, 여기도 이렇게 바꾸고 싶다'는 여러 주문을 더하는 것이 일반적인지도 모릅니다. 하지만 저희는 '여기는 필요 없습니다'라고 줄여갈 것을 요청했습니다. 말하자면 '뺄셈의 리모델링'인 것이지요.
바닥을 교체하고, 벽을 바르고, 주방을 설치하는 등의 전문가만이 할 수 있는 것은 시공자에게 맡겼지만 문이나 싱크대는 직접 구입해 현장에 가져다주었고, 페인트와 모르타르를 바르는 등 DIY로 가능한 것은 직접 했습니다. 그러는 편이 비용도 적게 들고 더욱더 집에 애정을 쏟을 수 있기 때문입니다. 이 집에서 생활한 지 5년이 지난 지금도 가구를 손수 제작하고 수납을 늘리면서 집 꾸미기는 아직도 진행 중입니다. 집이란 곳은 '지낸다'는 의미보다는 '삶을 즐겁게 영위한다'는 데에 중점을 두고 '이런 생활을 하고 싶었던 거였어'라며 하루하루를 즐기고 있습니다.

Sanitary

세면대는 간결한 형태로 제작하고, 옅은 그린색 벽지로 세련되게 마감했습니다. 세탁기 위쪽의 선반은 직접 만들었습니다.

세면대와 수전

세면대는 전단지에서 본 사각형 제품으로 구입하고, 수전도 벽에 설치해 줄 것을 요청했습니다.

주방은 수납장까지 전부 손수 제작했습니다. 짙은 색으로 칠할까 망설였지만 얼마 동안은 나무 느낌 그대로를 즐기기 위해 칠하지 않은 채로 두었습니다.

더블 싱크대

식당을 하는 친정에서 편하게 쓰는 것을 보고 제작한 더블 싱크대. 양쪽 모두 〈이케아〉 제품.

오래된 집일수록
수도시설 주위는 청결함이 중요합니다.
그래서 벽도 타일도
흰색으로 깔끔하게 꾸몄습니다.

Kitchen

ㄷ자형 주방으로 동선이 편리하고 거실 쪽으로 실내창을 내어 두 공간을 오픈시켰습니다.

벽돌 벽

주방 벽의 일부는 질감이 살아 있는 벽돌로 멋스럽게 꾸몄습니다.

바닥 타일

앤티크한 분위기를 살리면서 청소하기 쉬운 테라코타 타일을 깔았습니다.

모자이크 타일

타일 붙이는 것을 좋아해서 싱크대 상판을 모자이크 타일로 마감했습니다.

CASE 04

36년 된 고지대에 세워진 집을 멋진 빈티지 하우스로

Y · N 씨

시댁이 있는 동네에서 살고 싶다는 생각에 집을 찾기 시작했습니다. 신축 주택을 매매하자니 예산이 한정되어 있어 처음부터 낡은 주택을 사서 리모델링하자는 쪽으로 결정했습니다. 그러다 만나게 된 이 집은 예산에 맞았고 공간 배치나 창호도 개성이 있어, 부부 모두 그 자리에서 결정하게 되었습니다.

지하에 차고가 있어 계단을 올라서면 오른쪽이 현관입니다. 외관과 담장을 새로 칠하고 지붕은 그대로 두었습니다.

주택구입가격 | 9천5백만 원

before

1 예전 집의 거실은 우물천장에, 바닥도 옛날 응접실 분위기였습니다. 2 주방은 북쪽에 따로 위치해 있고 삼면에 문이 나 있어 서늘한 느낌이었습니다.

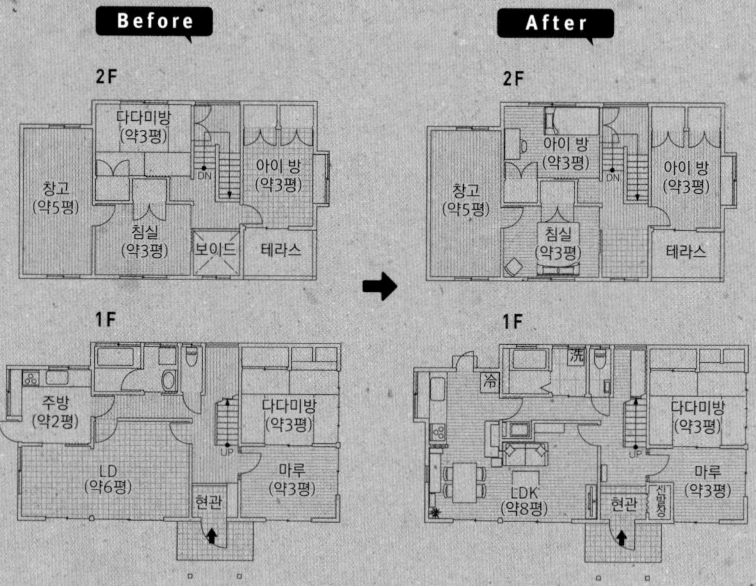

리모델링 비용 1억 2천만 원

주요 리모델링 사항 / 현관문의 유리창 교체 / 현관 바닥 설치 / 신발장 제작 / 벽지 교체 / 주방과 거실을 하나로 연결 / 1·2층 실내 바닥 교체 / LDK 벽을 칠하고 천장을 직물벽지로 교체 / 창을 복층유리로 교체 / 주방의 이동과 설치 / 주방창 추가 시공 / 주방문 위치 변경 / 복도에 세면대 설치 / 기존 문의 페인트칠 / 화장실과 욕조 설치 / 계단 뒷면 철거와 페인트칠 / 2층의 다다미방을 양실로 변경 등

리모델링 DATA

가족구성 / Y · N 씨(39세), 남편(41세), 아들(15세), 딸(13세)
건축년수 / 36년
공간구성 / 방5 + LDK + 창고 → 방5 + LDK + 창고
총면적 / 120.07㎡(36.32평) (1층/72.87㎡, 2층/47.20㎡)
주택구입가격 / 9천5백만 원
리모델링 비용 / 1억2천만 원

리모델링 면적 / 120.07㎡(36.32평)
보강공사 / 세면실에 기둥과 대들보 설치 및 보강, DK창을 복층유리로 교체, 벽에 단열재 보강
시공 / Folka co.
HP / www.folka.jp

주방은 가장 안쪽에 위치한 독립형 공간이었습니다. 벽면도 오염되고 낡은 모습이 눈에 띌 정도였습니다. LDK는 하나로 연결해서 가족과 얘기를 나누며 요리할 수 있는 공간으로 만들었습니다.

Dining Room

바닥재

바닥은 남편이 좋아하는 삼나무 판에 오일을 칠했더니 멋스러운 빈티지 분위기가 납니다.

벽 마감

LDK는 석고보드 바탕에 도장하여 마무리하고, 소파 뒤 벽은 합판을 덧대고 도장했습니다.

주방 옆으로 길게 세워둔 것이 바로 12년간 찾아 헤매 손에 넣은 그릇장입니다. 식탁도 히로시마 현의 골동품 상점에서 구입한 것입니다.

현관과 거실 사이의 문은 디자인이 예뻐서 색만 바꿔서 칠하고 그대로 달았습니다.

남편과 자주 골동품 점에 구경을 다닙니다. 리모델링을 한 후로 오래된 것들이 점점 더 좋아졌습니다.

이 집은 구조가 독특해서
바로 우리가 원하던 집이다! 라고
한눈에 알아봤습니다.
구석구석에 빈티지한 매력이 숨어 있습니다.

여러 리모델링 회사를 방문해봤지만 '카페 분위기'의 흔한 이미지만 보게 되어 실망하고 있었습니다. 이대로라면 신축과 다를 바가 없어서 어차피 바꿀 거라면 구석구석까지 리모델링해 보자는 마음이었습니다. 그래서 선택한 시공사가 〈Folka〉였지요.
이 집을 처음 봤을 때 멋지게 바꿔보자! 라고 담당자인 후쿠나가 씨와 의견 일치를 보았습니다. 옛날식 계단의 난간과 창호가 참 예뻤습니다. 계단 아래쪽의 여유 공간 등 특이한 구조도 마음에 들었습니다.
저는 예전부터 고가구나 잡화 등을 좋아해서 조금씩 모아둔 것이 있었습니다. 아주 마음에 드는 것을 발견할 때까지 포기하지 않았고 결국 그릇장은 12년을 찾아 헤맨 끝에 비로소 얼마 전에 찾아냈을 정도입니다. 그렇게 모은 가구들이 집안을 친근한 공간으로 만들었습니다.
고풍스러운 분위기만 추구한 것이 아니라 주방은 스테인리스를 설치하거나 세면대는 모르타르를 쓰는 등 부분적으로 현대적인 소재로 신선함을 느낄 수 있도록 신경 썼습니다. 남편의 바람대로 바닥에 오래된 목재를 쓴 것도 멋진 변화를 가져왔습니다.

1

2

Living Room

1 벽면 장식이 가능하도록 소파 뒤의 벽에만 합판을 대서 회색으로 페인트칠을 했습니다. **2** 예전 집의 공간 배치를 살려서 L자형 거실로 꾸몄습니다. 냉장고 옆쪽 문으로 세면실과 현관 복도가 이어져 있습니다.

스트링 포켓 선반

일본 가구도 좋아하지만 북유럽의 가구도 좋아합니다. 〈string〉 사의 스트링 포켓 선반을 설치하고 아끼는 그릇을 올렸습니다.

존재감 강한 2단 그릇장은 오카야마 현 이바라 시에 있는 앤티크 상점 〈우미네코(海猫)〉에서 구입. 차를 준비하거나 음식을 준비하는 요긴한 용도로 쓰입니다.

낡은 그릇장과 복고풍의 조리대가
잘 어울리는 우리 집.
그렇지만 너무 사랑스러운 느낌만 들지 않게
주방은 스테인리스로 심플함을 조화시켰습니다.

타일

타일은 너무 차가운 느낌이 나지 않도록 은근한 정취가 나는 제품으로 골랐습니다.

스테인리스 주방

빈티지한 목재와 스테인리스의 심플함이 잘 어울립니다. 상부장 대신 선반과 침니형 후드를 설치했습니다.

before

Kitchen

가스레인지 왼편으로 유리 파티션을 요청했습니다. 고목재로 창틀을 만들고 유리를 끼웠습니다.

Toilet

가족이 쾌적하게 사용할 수 있도록 청결하게 유지할 수 있는 바닥 타일과 세면대의 타일을 선택했습니다.

바닥재

〈산게쓰〉에서 모르타르 블록의 플로어타일을 선택하고, 변기는 물탱크가 없는 형태로 설치했습니다.

세면대

세면대가 있는 벽면은 물이 튈 경우가 많아서 타일을 붙였습니다. 나무로 된 테두리는 공사 후에 직접 붙여주었습니다.

Sanitary

세면실과 세탁실이 함께 있던 곳이 좁았기 때문에 그 곳에는 세탁실만 남기고 복도에 세면대를 따로 설치해 모르타르를 발랐습니다.

Bedroom

1 비용 절감을 위해 침실 문과 벽을 직접 페인트칠 했습니다. 무척 힘들었지만 좋은 추억으로 남았습니다. 2 아이들의 방은 다다미방에서 양실로 바꾸고, 방 주인의 희망에 따라 컬러를 넣었습니다.

1

2

이 집을 처음 보러 왔을 때, 오랫동안 사람이 살지 않았던 탓인지 무척 낡은 모습이었습니다. 먼지도 많고 어두워서 아이들이 "정말 이 집에서 살 거야?"라고 놀라서 물을 정도였으니까요. 하지만 잘 고치면 멋진 집으로 만들 수 있을 것 같은 상상을 하면서 "엄마 믿지?"라고 당당하게 대답했습니다.

그러한 계획은 제대로 실현되었지요! 지저분한 벽은 칠하고 낡은 바닥은 수리했습니다. 어두웠던 현관과 복도도 밝아졌고 주방은 반짝반짝 윤이 나고…. 집 전체가 새로 태어난 것이지요. 아이들이 집 안으로 들어서는 순간 "우와, 멋져!"라는 감탄이 절로 나왔습니다. 설마 이런 멋진 집으로 변할 줄은 아무도 몰랐던 것이지요. 저는 저절로 승리의 V를 그렸습니다.

이전에는 자신의 방에만 머물렀던 아이들이 이 집에 살면서부터는 거실에서 보내는 시간이 늘었습니다. 왠지 성격도 밝아진 듯합니다. 집을 고치는 일은 비용도, 계획도, 수고도 만만치 않지만 이 집을 리모델링하기 잘 했다는 생각이 새록새록 듭니다.

계단은 수직의 챌판(계단의 디딤판에 수직으로 설치하는 판)을 떼어내고, 디딤판은 기존의 것을 그대로 사용해 약간 안쪽으로 설치했습니다. 현관 바닥은 리듬감 있게 단 차이를 주었습니다.

Entrance

벽지

1층 현관과 복도는 벽면을 벽지 마감하여 비용을 절감했습니다.

체스트(서랍장)

미국산인 멋진 빈티지 체스트는 외국에 나갔을 때 리사이클 상점에서 구입한 것.

주방에서 이어진 복도에는 세면실, 욕실, 화장실, 세탁실이 있습니다. 실내 구석구석의 뷰도 일품입니다.

Passage

문

욕실과 화장실은 기존의 문에 칠만 다시 했습니다. 색은 연한 회색과 아이보리로 주문.

현관과 주방을 잇는 복도에는
위생과 세탁시설이 모여 있습니다.
문과 계단의 상태도 양호해서
새로 칠만 한 뒤 사용하고 있습니다.

CASE 05

37년 된 건축가의 집을 복고풍의 창호와 가구가 빛나는 집으로

H · M 씨

공기 좋은 고지대에 위치한 단독주택. 경사면에 세워진 탓에 현관이 지하층이 되고 1층의 뒷문이 도로에 맞닿아 있습니다. 장을 보러 가기는 불편하지만 그래도 처음 들어섰을 때, 이 집에 살고 싶다는 매력이 있었습니다. 조망도 최고입니다!

Before

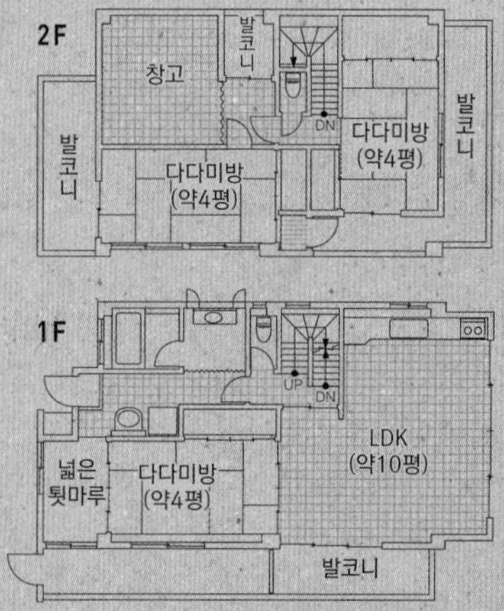

지하층

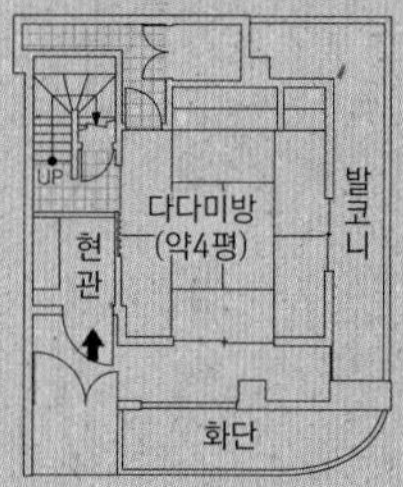

After

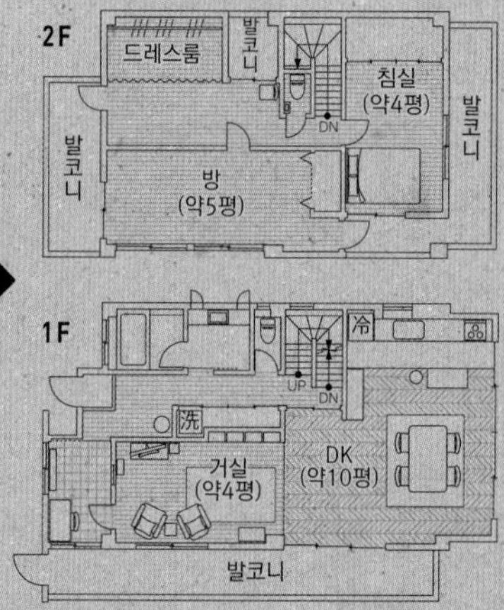

※ 지하층은 리모델링 후 공간 구성의 변경 없음.

주택구입가격 | 2억2천만 원

before

1 주방의 싱크대는 흰색이었습니다. 간결하지만 물을 사용하는 곳이라 오랜 시간의 노후가 느껴졌습니다. **2** 복도에 있는 문은 디자인이 예뻐서 다른 방에 그대로 사용하기로 했습니다. **3** 기존에는 LDK 옆에 다다미방이 있는 구조였습니다. 그 공간을 터서 넓게 만들 계획을 세웠습니다.

리모델링 비용 1억2천8백만 원

주요 리모델링 사항 / 지하층은 다다미 · 벽지 · 맹장지문 교체 / 계단 카펫 교체 / 1층은 바닥 전체와 벽지 교체 / 수납 선반 설치 / 주방 제작 / 천장을 없애고 창틀과 함께 페인트칠 / 창호 이동 / 스테인드글라스를 붙이고 복도에 수납공간 증설 / 세면대 제작 / 화장실 · 욕조 시공 / 2층은 다다미방을 양실로 변경 / 드레스룸 증설 등

리모델링 DATA

가족구성 / H · M 씨(35세), C 씨(34세), 아들(1세)
건축년수 / 37년
공간구성 / 방4 + LDK + 창고 → 방3 + LDK + 드레스룸
총면적 / 160.78㎡(48.64평) (지하층 / 32.11㎡, 1층 / 74.93㎡, 2층 / 53.74㎡)
주택구입가격 / 2억2천만 원

리모델링 비용 / 1억2천8백만 원
리모델링 면적 / 160.78㎡(48.64평)
보강공사 / 없음
시공 / DEN PLUS EGG
HP / www.denplus.co.jp

창 위쪽에 커다란 대들보가 있어서 판을 얹어 장식품으로 꾸몄습니다. 조명은 색을 바꿔 칠하고 직접 만든 전등갓을 씌웠습니다.

Living Room

커다란 소파를 놓지 않고 일인용 의자를 각각 두었습니다. 빨간색은 덴마크산, 파란색은 미국산 빈티지 제품입니다.

거실 바닥

전체를 헤링본 마루로 하기엔 너무 과하다 싶어 거실은 참나무 원목으로 크게 이어서 깔았습니다. 밀랍 왁스로 마감.

기존에 있던 문이 마음에 들어 거실에 다시 설치했습니다. 도장도 하지 않았고 유리도 그대로 사용했습니다.

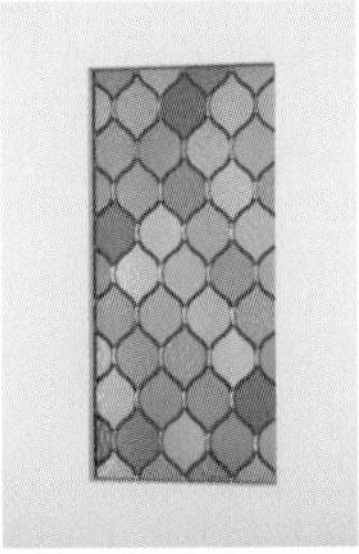

스테인드글라스

리모델링을 의뢰하기 전에 벼룩시장에서 찾아낸 영국산 앤티크.

책장

모델인 마사키 씨의 책을 보고 갖고 싶어 했던 커다란 책장. 벽장을 허물고 제작했습니다.

이 집에 스며 있던 복고풍의 문을
거실의 주인공으로 들였습니다!
그토록 원하던 커다란 책장도 설치했더니
너무나 예쁘고 안락한 방이 되었습니다.

Hobby Room

원래는 창고로만 사용했던 컴컴한 방이었습니다. 시공회사의 추천으로 회반죽 풍의 벽지를 바르고 창틀에 페인트칠을 하니 몰라볼 정도로 환한 공간이 되었습니다.

이 집을 처음 봤을 때 카펫이 깔린 계단과 복고풍의 창호 등이 눈에 들어왔습니다. 손수 제작한 물건을 좋아하는 저희 부부는 흥분을 감추지 못했습니다. 머릿속으로 '여기를 이렇게 고치고, 이런 가구를 놓고….'라는 생각을 하며 속으로 세부적인 사항까지 완성했을 정도였으니까요.
건물의 매력을 살린 리모델링을 하고 싶어서 하나하나 계획을 짰습니다. 거실은 기존의 문과 스테인드글라스로 고풍스러운 분위기를 담아냈습니다. 그리고 그 안의 작은 공간은 컬러풀한 벽지와 도장으로 깜찍한 작은 방으로 다시 태어났습니다. 글을 쓰거나 독서를 하는 '틀어박힐 수 있는 방'으로 안성맞춤입니다.
어디라도 꼭 써보고 싶었던 헤링본 마루는 비로소 식당 공간에서 진가를 발휘했습니다. 계획을 세울 때부터 모은 〈아코르〉 의자와 낡은 유리장이 자아내는 분위기와 딱 맞았습니다.
기능성을 중시해서 설거지대는 간결하게 만들었지만 타일만은 개성을 살리고자 했는데 그것은 시공사 덕분이었습니다.

주방과 식당 공간은 천장을 떼어내고 골조를 드러내 개방감을 주었습니다. 조명은 〈ORNÉ DE FEUILLES〉에서 구입.

벽 타일

화기 주변의 타일은 너무 개성적일까 걱정했지만 전체적인 톤이 잘 어울립니다.

헤링본 마루

참나무 원목 마루를 헤링본 패턴으로 시공해 공간에 품격을 높입니다.

상부장은 떼어내고, 취미로 모아둔 그릇을 인테리어 삼아 꾸미고 싶어서 클래식한 유리 그릇장을 구입했습니다.

주방의 육각 타일은 모험이었지만
기대했던 헤링본 마루와 아코르 의자가 어우러지고
오래된 그릇장과도 잘 맞는 덕분에 최고의 궁합입니다.

바닥의 벌집 모양 타일

주방 바닥은 화강암 재질의 육각형 타일을 시공해 주방에 개성을 불어넣었습니다.

주방과 수전

싱크대 도어와 주방 벽 타일의 컬러 계열을 맞췄더니 차분해 보입니다. 수전은 〈그로헤(Grohe)〉와 〈미츠비시(三菱)레이온〉이 협업해 출시한 정수기가 달린 형태를 설치했습니다.

Service Door

뒷문은 수수한 붉은 핑크가 예뻐서 기존의 것을 그대로 사용했습니다. 바닥만 프랑스 빈티지 타일로 마감했습니다.

세탁기가 있던 장소를 넓혀서 복도의 한 면을 수납공간으로 만들었습니다. 각종 일용품을 보관하기 편리하고 세면대 앞에 있어서 동선도 원활합니다.

세면대 타일

모로코에서 수입한 타일은 한 장 한 장의 색감과 느낌이 다르고 요철이 있는 것이 매력입니다. 화장실 바닥과 같이 옅은 핑크색으로 결정.

Sanitary

세면대는 제작한 것으로 사용이 편리하도록 상판은 타일로 마감하고, 하부 수납장은 참나무로 만들었습니다.

옛 정취가 그대로 묻어나는 기존에 있던 창호를 살리면서 벽지를 이용해서 분위기만 체인지!

이 집은 면적이 넓은 편이어서 구석구석까지 손길이 미치게 수리하자면 비용이 많이 들어 되도록 비용을 낮추기 위해 여러 가지 방법을 고안했습니다.

가령, 기존의 창호 중 쓸 수 있는 것은 쓰자, 창은 이중유리로 하지 말고 기존의 알루미늄 새시를 그대로, 커튼레일은 〈이케아〉에서 구입한 것을 시공자에게 부탁해서 달자, 벽은 칠하기보다 벽

Stairs

계단은 카펫으로 마감하고, 복도 벽은 그린색 벽지를 이용해 생기를 주었습니다. 화장실 문도 기존의 것을 그대로 사용했습니다.

Hall

계단을 오르면 2층 복도에 넓은 공간이 나옵니다. 앤티크한 아코디언커튼이 드레스룸 문을 대신합니다.

Bedroom

침실은 화이트한 벽지에 원목 바닥으로 정갈하게 꾸몄습니다. 기존의 문을 옮겨서 설치하고, 선반은 직접 달았습니다.

지로 마감하자 등등. 그 결과 공사비용을 꽤 절감할 수 있었습니다. 하지만 멋지게 마무리가 된 것은 이 집 본연의 옛 정취가 훌륭하게 살아나도록 한 점입니다. 새로 지었다면 그럴 수 없었겠지요. 리모델링을 하면서 매일 인테리어만을 생각하며 지내는 즐거움을 누리고 나니, 공사가 끝난 지금은 왠지 섭섭한 마음이 들 정도입니다. 이제는 아직 손보지 못한 방과 소소한 것들을 여유를 가지고 조금씩 고쳐나갈 생각입니다.

CASE 06

27년 된 협소주택을 빈티지 소품과 음악이 어울리는 집으로

M · Y 씨

이 집은 치안이 잘 되어 있는 주택지에 있고 장보기에도 편리한 위치입니다. 교통편도 좋아서 남편의 출근이 용이하고 차고도 갖춰져 있었습니다. 친정에 걸어서 도착할 수 있는 거리에 있다는 것도 이 집을 결정한 이유 중의 하나입니다.

before

1 집의 지어진 시기를 알 수 있는 알루미늄 난간과 외벽의 갈라짐. 현관이 안쪽으로 들어가 있어서 집은 어두운 느낌이었습니다. **2** 현관문 옆으로 간이창고가 있습니다. **3** 집은 안으로 향해서 좁고 길게 뻗은 구조. 2층에는 거실과 다다미방이 나란히 있는, 옛날식 집에서 자주 볼 수 있는 구조입니다.

주택구입가격 | 1억6천만 원

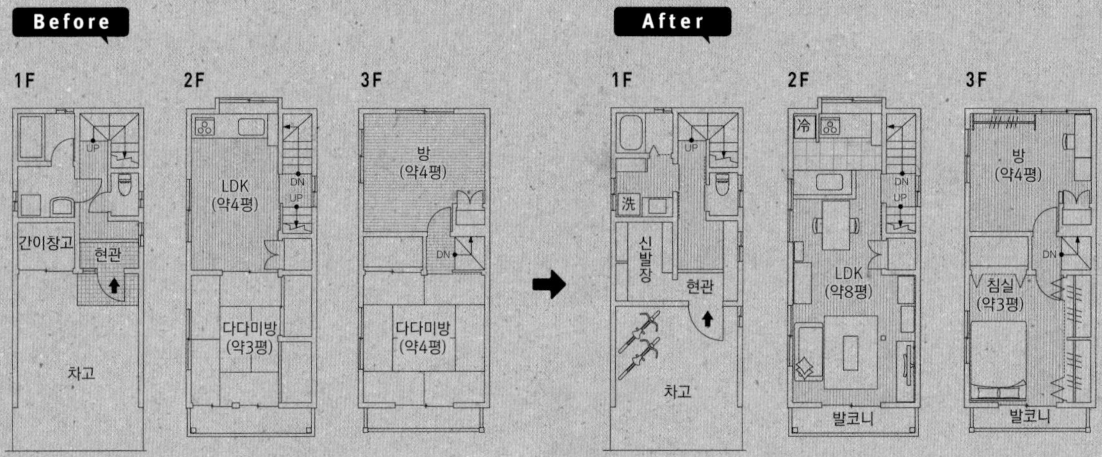

리모델링 비용 9천만 원

주요 리모델링 사항 / 공간 배치 변경(방3 + LDK → 방2 + LDK) / 1층은 현관을 확장해서 수납공간 확보 / 화장실 · 세면대 · 주방 교체 / 2층을 하나로 터서 바닥을 교체하고 벽 · 천장은 벽지 교체 / 3층의 바닥 · 벽지 교체 / 이중창 설치 / 외벽과 지붕 페인트칠 등

리모델링 DATA

가족구성 / M · Y 씨(37세), E 씨(32세)
건축년수 / 27년
공간구성 / 방3 + LDK → 방2 + LDK
총면적 / 88.14㎡(26.66평) (1층/29.38㎡, 2층/29.38㎡, 3층/29.38㎡)
주택구입가격 / 1억6천만 원

리모델링 비용 / 9천만 원
리모델링 면적 / 88.14㎡(26.66평)
보강공사 / 발코니 바닥 보강
시공 / Standard
HP / www.standard-coltd.com

이전에 흔히 볼 수 있는 L자형 주방입니다. 공간을 넓게 활용할 수 있는 대면형 주방으로 바꾸고 냉장고 공간도 설치했습니다. 주문 제작한 스테인리스 싱크대를 모르타르 벽으로 에워쌌습니다.

주방은 전체적으로 그레이와 블랙 컬러를 사용했습니다. 조명기구가 달린 우물천장에는 낡은 목재를 붙여서 강조했습니다.

싱크대가 훤히 보이지 않도록 모르타르 벽을 높게 만들었더니 가림벽 역할을 합니다.

1층이 콘크리트로 만들어져서 인테리어도 통일시킬 겸 주방 앞을 모르타르 마감으로 가리자 제가 좋아하는 오래된 도구들과도 잘 어울립니다.

선반

주방의 선반도 시공사 제작. 철제 받침대에, 오일을 바른 향나무 목재를 선반으로 만들어 올렸습니다.

슬라이딩 도어

카페 분위기의 문을 만들고 싶어서 제작한 슬라이딩 도어. 솔송나무 목재로 만든 문에 유리 부분을 크게 만든 것이 포인트.

펜던트 라이트

프랑스 공장에서 사용했던 빈티지 조명기구 리파(Lipa). 후쿠오카의 앤티크 숍에서 구입했습니다.

대면형 주방과 바닥 타일

1 대면형 주방은 그레이 톤으로 싱크대와 타일을 통일시켰습니다. 푸른빛이 도는 벽 타일은 줄눈을 회색으로 마감해 자연스러운 컬러가 돋보입니다. 2 제작 설치한 설거지대의 서랍은 떡갈나무 천연 목판에 오일을 바른 것입니다.

집을 찾아다닐 때는 딱히 리모델링 계획은 없었으나 우연히 발견하게 된 이곳. 처음 본 순간, 리모델링을 하면 우리 가족이 살기에 딱 맞는 집을 만들 수 있겠다고 느꼈습니다.

내부 크기가 작아서 신경 쓴 점은 되도록 공간을 넓게 확보할 것, 그리고 부부가 편안하게 지낼 수 있는 거실과 주방을 만드는 것이었습니다. '손님이 찾아와도 편안하게 지낼 수 있도록' 하는 것이 남편의 바람이어서 주방은 청소하기 쉽게, 그 밖에 전기스위치를 고급으로 하는 등의 세부 사항까지 신경을 썼습니다.

주방 가림벽으로 모르타르를 사용해 보니 역시 판단이 옳았다는 결론을 내렸습니다. 오래된 도구나 잡지가 좋아서 모아두었는데 모르타르는 오래된 것들과 잘 어울리고 정갈한 느낌을 갖게 합니다. 주방을 주로 사용하는 것은 저이지만 부부가 즐길 수 있는 공간으로 꾸며져서 만족합니다.

벽장을 터서 넓게 확보한 공간에
작지만 멋스러운 고가구와
남편의 기타와 오디오를 놓아
둘만의 안락한 거실로 꾸몄습니다.

트롬본 조명

낡은 부품을 조립해서 만든 〈88/90products〉라는 작가의 작품입니다.

바닥재

따스함이 느껴지는 떡갈나무 원목에 클리어 오일을 발라 마무리했습니다. 1층의 복도와 현관에도 같은 자재를 사용했습니다.

거실을 조금이라도 넓게 쓰고 싶은 마음에 다다미방의 벽장과 도코노마를 기둥만 남기고 철거했습니다.

Living Room

주방과 하나로 이어진 거실은 부부가 각자의 취미생활을 영위할 수 있는 공간으로 탄생했습니다. 음악을 좋아하는 남편이 취미로 하고 있는 스카(Ska, 1950년대 후반 자메이카에서 발생한 음악 장르)밴드에서 기타를 치고 있어서 텔레비전 옆의 한 모퉁이에 CD와 레코드를 놓은 음악 코너를 만들었습니다. 맞은편은 저의 낡은 소품들을 전시하는 공간으로 삼았습니다. 원목 마루에 하얀 벽이 배경이 되어 오래된 물건들이 주는 질감이 친근하게 다가옵니다. 무심결에 던져둔 것 같은 분위기만으로 하나의 그림이 되어 이전보다 집 꾸밈의 즐거움이 늘었습니다.
소파에 앉아 있으면 싱그러운 화초가 창가에 표정을 더해줘 더없이 편안합니다.

기존의 2층은 주방 안쪽이 다다미방이었습니다. 공간을 터서 하나로 잇자 개방감을 확보할 수 있었습니다. 단열성을 높이기 위해 이중창으로 교체했습니다.

Work Room

컴퓨터와 잡지가 놓인 3층 방은 진그레이 벽지를 써서 세련된 멋을 냈습니다. 오래된 도구를 함께 배치해도 이질적이지 않습니다.

콘크리트 느낌의 벽지

목구조의 3층 방도 1층과 비슷하게 콘크리트 느낌을 더하기 위해 노출 콘크리트 벽지로 마감했습니다

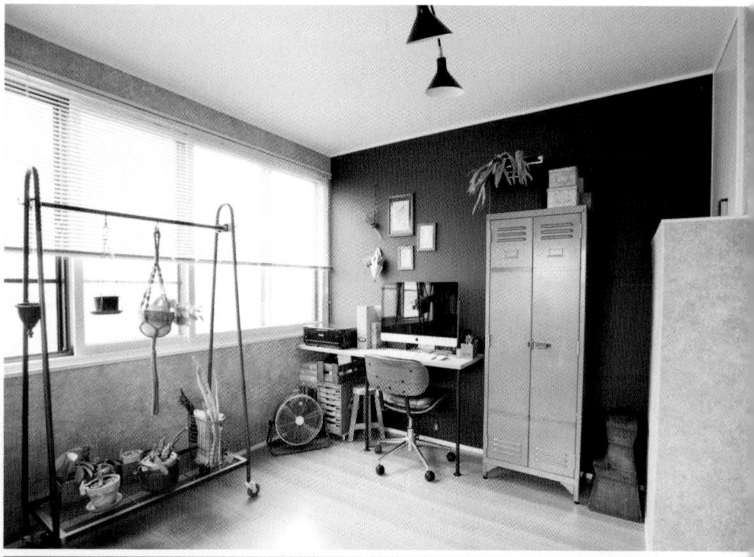

친구들이 놀러와도 낮은 탁자에 둘러앉으니 도란도란 담소 나누기도 좋은 공간입니다.
세월이 지남에 따라 원목의 색깔이 어떻게 바뀌는지 살피는 것도 이 집에 사는 즐거움 중 하나일 거예요. 협소함에 주눅 들지 않고 이만하면 처음에 계획한 대로 충분히 안락하고 쾌적한 집으로 만들었다고 생각합니다.

Bedroom

그레이와 화이트의 차분한 공간을 연출한 침실에는 수납이 부족하지 않도록 옷장을 설치했습니다.

벽지

창이 있는 목재 벽면은 가로결로 붙이고, 천장의 노출콘크리트 벽지를 매치시켜 독특한 분위기를 연출했습니다.

바닥재

비용 절감을 위해 3층은 원목을 쓰지 않고 떡갈나무 색의 일반 마루재를 사용했습니다.

Entrance

폭이 좁고 어두운 현관이었습니다. 벽면의 벽지를 떼어내고 콘크리트를 그대로 노출시켰더니 갤러리 같은 분위기가 연출되었습니다.

신발장

이중 레일로 높이를 자유롭게 조절할 수 있는 오픈 선반을 달았습니다. 두 사람의 신발을 충분히 보관할 수 있을 정도로 넉넉합니다.

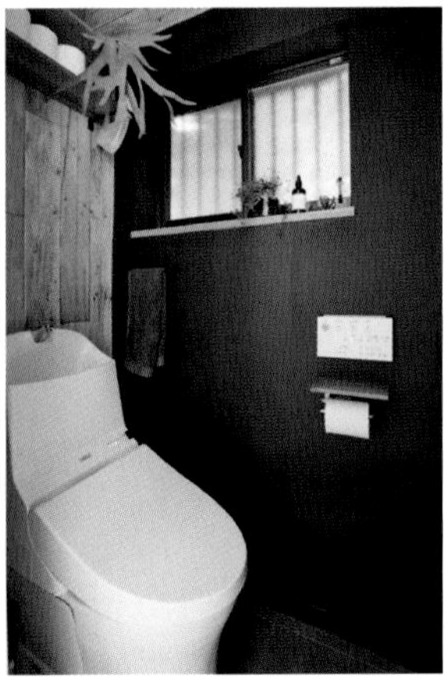

Toilet

화장실은 사용감이 잘 드러나지 않게 벽면을 진그레이 벽지와 목재로 마감하고, 수납장과 선반도 목재로 만들었습니다.

양변기

〈TOTO〉의 세면대가 달린 양변기를 시공사에서 서비스로 설치해주었습니다.

Sanitary

1층 복도의 분위기에 맞춰 심플한 느낌으로 제작한 세면대. 마린 램프를 조명기구로 사용했습니다.

세면대와 타일

심플한 세면대에 육각의 벽 타일을 붙여 작은 공간이지만 센스 있게 완성되었습니다.

Outside

빛바랜 외관은 칠하고 베란다 난간에 소나무 목재를 설치해 목가적인 분위기로 마감했습니다. 차양도 폴리카보네이트로 교체했습니다.

외벽은 차콜그레이로 칠하고
오래된 목재를 붙여서
멋지게 꾸미자
매일 집으로 향하는 길이
즐거움으로 가득해졌습니다.

Garage

차고는 무광택 흰색 페인트로 칠했습니다. 평면적인 깔끔한 이미지 덕분에 카페의 입구처럼 보입니다.

현관문

외국의 아파트 같은 철문을 연상해서 제작했습니다. 손잡이와 열쇠구멍은 놋쇠 제품입니다.

CASE 07

60년 된 조부모의 집을 아틀리에가 있는 밝은 집으로

I·O 씨

오래된 집이어서 방은 대부분 다다미방입니다. 전체적으로 창호도 노후되어 어둡고 스산한 느낌이었습니다.

주택구입가격 | 없음

할아버지가 지은 낡은 농가를 리모델링하기로 결정했습니다. 안채 외에 창고도 있고 텃밭도 넉넉합니다. 근처에는 절과 신사가 있고 풀숲도 우거져 있습니다. 이웃들도 매우 친절해서 아이를 키우기에도 좋은 곳입니다.

before

1 현관 부근은 그대로 두고 외벽을 다시 칠했습니다. 거실 밖으로는 데크를 만들었습니다. 2 이전의 배치는 복도가 좁고 여러 개의 작은 방으로 나눠져 있었습니다.

리모델링 비용 1억5천5백만 원

주요 리모델링 사항 / 공간 배치 변경(1층 9개의 다다미방 → 방5 + LDK + 공부방 + 선룸 + 드레스룸으로 변경, 2층에 침실 + 아이 방 + 독서공간 + 수납공간 있음 / 변기 교체 / 유닛바스 설치 / 놀이방 설치 / 바닥 교체 / 침실 천장과 벽에 합판 덧댐 / 세면대 제작 / 창 교체 / 노후설비 교체 / LDK·아틀리에·공부방·놀이방의 천장과 벽은 페인트칠 / LDK의 천장고를 높이고 방·화장실·현관·복도는 벽지 마감 / 전기온수기·바닥 난방·에어컨 설비 / 외벽의 일부를 갈바륨으로 교체하고 데크 설치 / 조명과 배선과 스위치의 변경 등

Before

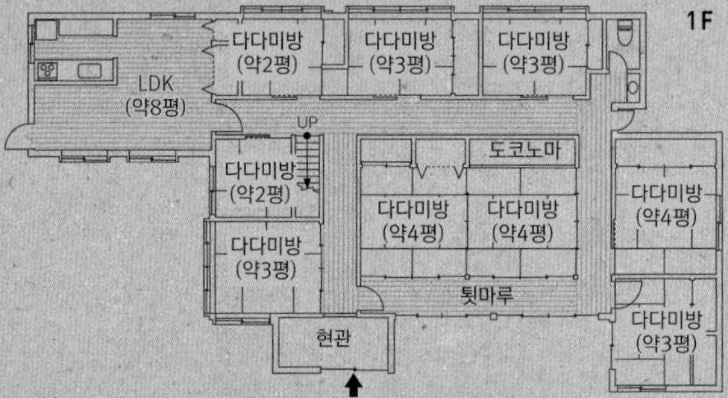

After

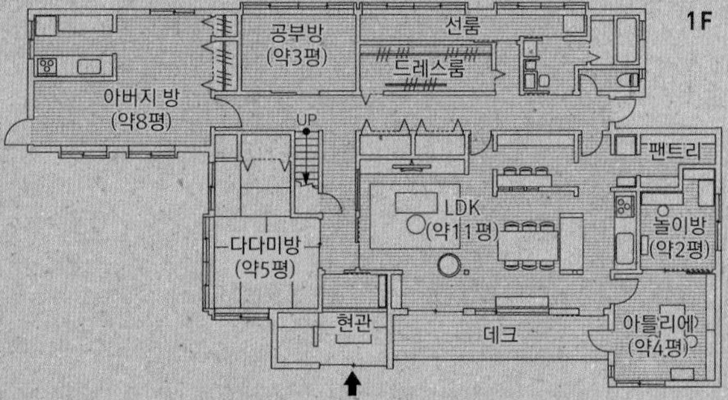

※ 공간배치도는 1층만(2층은 생략).
※ 도코노마(床の間) : 다다미방의 바닥을 한층 높게 만든 곳. 벽에는 족자를 걸고, 바닥에는 꽃이나 장식물로 꾸며 놓음.

리모델링 DATA

가족구성 / I·O 씨(43세), 남편(43세), 아버지(72세), 딸(13세), 아들(10세), 딸(6세)

건축년수 / 60년

공간구성 / 방9 + LDK + 다락방 → 방7 + LDK + 공부방 + 드레스룸 + 선룸 + 독서공간 + 팬트리

총면적 / 221.06㎡(66.87평) (1층/167.06㎡, 2층/54㎡)

주택구입가격 / 친정 소유의 집이어서 구입비용 없음

리모델링 비용 / 1억5천5백만 원

리모델링 면적 / 221.06㎡(66.87평)

보강공사 / 바닥조립 보강, 기둥 일부 보강, 단열공사

시공 / SOLO & MADEIRA

HP / www.soloandmadeira.jp

화장실 문과 할머니가 쓰시던 방에 달려 있던 낡은 유리창을 이용해 들창을 만들었습니다.

위 사진의 창문 안쪽은 책상을 나란히 둔 아이들의 공부방. 리모델링 했기 때문에 가능했던 특별한 공간입니다.

Kid's Space

할머니가 쓰던 다다미방은 놀이방으로 변신. 워크숍 참가자들이 자녀를 데리고 올 수 있도록 오픈했습니다.

Atelier

주방 옆의 다도실을 그토록 꿈꾸던 작업실로 만들었습니다. 집안일을 하면서 작업하기 쉬워졌습니다. 빈티지 천을 보관할 수 있는 큼직한 수납장도 두었습니다.

Dining Room

2개의 다다미방을 이어서 LDK로 꾸몄습니다. 식탁의 맞은편으로 조리대를 크게 설치해 6인 가족의 식사 준비도 거뜬합니다. 마루는 벚나무 목재를 사용했습니다.

6년 전, 오사카에서 도야마의 고향집으로 이사를 왔습니다. 조부모 시절부터 살기 시작한 집은 넓어서 좋긴 했지만 욕실이 밖에 있어서 겨울이면 아이들이 목욕을 하기가 힘들었지요. 살아가다 보니 그 외에도 불편한 점이 많았습니다.
그러던 중에 몇 년 전 어머니가 돌아가시고 이어서 할머니마저 돌아가셨습니다. 잠시 슬픔에 빠져 있다가 기운을 차리고 집을 고치기로 마음먹었습니다.
아이들이 편하게 뛰놀고 가족이 모이기 쉽도록 다다미방 2개를 터서 하나의 LDK로 만들었습니다. 그곳을 중심으로 각 코너에 드나들 수 있는 공간 배치를 연구했습니다. 물론 고심하던 욕실도 집안으로 들이고요.
오랫동안 꿈으로 간직하던 작업실도 만들었습니다. 비즈와 털실 등으로 소품을 만들고 있기 때문에 때로는 이곳에서 워크숍을 열기도 합니다. 아이들이 컸고 나만의 시간을 가질 수 있는 타이밍에 리모델링을 할 기회가 온 것입니다.

낡은 농가여서 리모델링 전에는 전부 다다미방이었지만 그래도 방이 많은 덕분에 아이들의 놀이방과 공부방, 저의 작업실까지도 만들 수 있었습니다.

Pantry

주방의 왼쪽에 설치한 팬트리. 냉장고를 감출 수 있고 식기와 저장식품, 각종 약, 학교에서 보내온 인쇄물도 여기에 깔끔하게 수납합니다.

Kitchen

1 일자형 주방의 벽면은 모르타르를 바르고 방수 처리했습니다. 타일 부분은 선반으로 사용할 수 있도록 돌출시켰습니다.
2 전자레인지는 조리대 아래쪽으로 자리를 잡았습니다.

시스템키친

〈파나소닉〉의 시스템키친에, 2구 IH쿠킹히터를 설치했습니다.

1

2

Sanitary

밝으면서 청결한 공간을 원했습니다. 화이트를 기본으로 해서 컬러풀한 타일을 붙이고 바닥은 목재로 마감했습니다. 〈이케아〉의 트롤리(바퀴가 달린 이동식 수납함)도 제법 잘 어울립니다.

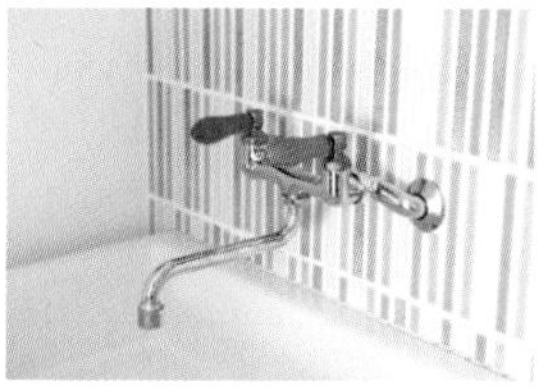

타일과 수전

타일은 아이들의 감성도 고려해 밝은 느낌의 타일로 선택했습니다. 수전은 투밸브 혼합형.

Entrance&Passage

1 벽지와 바닥을 교체하니 어두웠던 복도가 밝아져서 아이들이 뛰어다니는 공간이 되었습니다. 2 문은 마루와 색을 맞춰서 제작했고, 현관 돌바닥과 신발 벗는 곳은 예전 그대로입니다.

처음 해보는 리모델링인데 과연 원하는 집을 만들 수 있을까 하는 불안에 휩싸였습니다. 그러던 중에 친구의 소개로 만난 시공사, 〈SOLO & MADEIRA〉. 이곳에서 설계한 카페의 근사함에 매료되어 모든 것을 맡기기로 결정했습니다. 되도록 옛날 집의 정취를 남기고 싶다는 저희의 바람을 듣고 다락방의 마룻바닥을 거실의 장식 선반으로 쓰거나 요즘은 잘 볼 수 없는 오래된 나뭇결 모양의 유리를 재이용하는 등 여러 가지 아이디어를 제안해주셨습니다.

그리고 컬러풀한 색감을 좋아하는 제가 걱정한 것은 벽지의 색깔. 어디라도 네이비블루를 쓰고 싶어서 거기에 매치할 색을 어떻게 할 것인지 의논한 뒤 결정했습니다. 최종적으로 옅은 톤의 옐로를 골랐는데 잘한 결정이었습니다. 네이비블루의 벽이 리듬감을 줘서 기존의 어두웠던 분위기에서 생기 넘치는 밝은 공간으로 변했습니다.

리모델링을 하고 나서 계절과 기분에 따라 장식천이나 커튼을 바꾸는 즐거움도 생겼습니다. 제가 좋아하는 빈티지 옷감도 한몫을 해서 온전히 나만의 집을 만들 수 있었습니다.

Study Space

아이들이 공부하는 장소는 다이닝 룸 옆. 주방에서 음식을 만들면서도 아이들을 돌볼 수 있습니다. 각자 사용할 수 있는 책장과 책상을 만들어 주니 정리도 스스로 잘합니다.

벽지 컬러

기본 바탕은 옐로 컬러의 벽지로 마감하고, 벽 한 쪽만 네이비블루로 도장해 산뜻한 공간이 되었습니다.

타일

원래는 합판을 댈 생각이었던 벽을 시공사의 제안으로 타일로 마감했습니다. 훨씬 감성적인 공간으로 빛을 발합니다.

Living Room

소파를 놓지 않고 바닥에서 편안하게 지낼 수 있는 것을 좋아해 좌식으로 꾸몄습니다.

어두웠던 실내를 밝게 만들고 싶어서
옐로 톤을 메인으로 벽을 칠하고
낡은 유리창과 현관의 흙바닥 등
옛날부터 사용하던 쓸 만한 것은 남겼습니다.

CASE 08

40년 된 소박한 단층집을 숨바꼭질할 수 있는 재미난 집으로

K · U 씨

Before

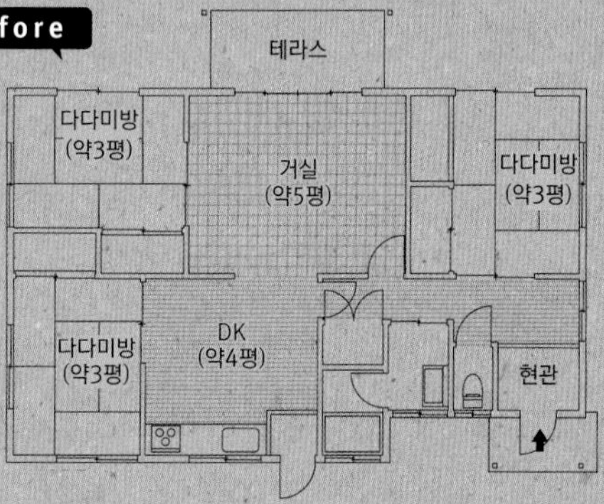

After

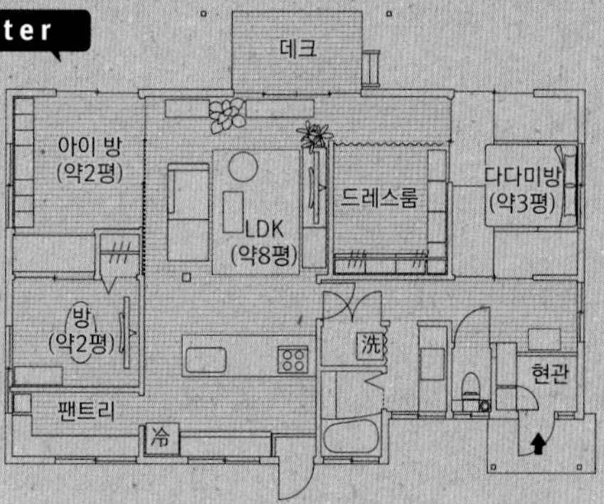

40년 전에 분양주택으로 거래된 집입니다. 시댁에서 가깝고 초등학교와 중학교가 도보 거리 내에 있습니다. 2대의 차를 주차할 수 있는 공간이 있고 정원이 딸려 있는 양지바른 집입니다. 무엇보다 그토록 바라던 단층집이고 세 식구가 살기에 공간도 충분했습니다.

주택구입가격 | 1억 원

1 주택 외부에 컬러풀하게 칠해진 방범창이 있었습니다. 외벽과 함께 색을 바꿨습니다. **2** 싱크대는 옛날 집에서 흔히 볼 수 있는 벽에 붙은 일자형. **3** 거실과 식당·주방은 벽으로 나눠져 있어서 벽을 철거하고 공간을 하나로 연결했습니다.

리모델링 비용  **원**

주요 리모델링 사항 / 공간 배치 변경(LDK를 터서 하나로 연결, 팬트리를 만들고 거실 한쪽에 드레스룸을 제작) / 주방 · 세면대 · 화장실 교체 / 벽지 교체 / 쿠션 플로어 시공 / 문 제작 / 외벽 도장 / 담 일부를 철거 후 시공 / 이웃집과의 경계에 담벼락 추가 시공 등

리모델링 DATA

가족구성 / K · U 씨(37세), M 씨(35세), 딸(5세)
건축년수 / 40년
공간구성 / 방3 + LDK → 방3 + LDK + 드레스룸 + 팬트리
총면적 / 82.39㎡(24.92평)
주택구입가격 / 1억 원

리모델링 비용 / 1억 원(외부 공사비 포함)
리모델링 면적 / 82.39㎡(24.92평)
보강공사 / 가스배관공사, 상하수도공사
시공 / nikka-home
HP / www.nikka-home.co.jp

수십 년의 건축 년수를 느끼게 하는 외관. 외벽은 페인트칠만 다시 하면 괜찮을 것 같았습니다. 오른쪽이 현관. 앞에 보이는 문은 뒷문입니다.

외벽은 2가지 색으로 칠했습니다. 현관문을 교체하고 벽돌담의 일부를 고치자 출입이 편해졌습니다.

Kid's Room

1

2

1 아이들은 좁은 공간에서 노는 것을 좋아해서 아이 방에 있는 벽장을 놀이공간으로 만들었습니다. 2 계단 대신 〈이케아〉의 수납가구를 놓아두니 딸이 무척 좋아합니다.

스트라이프 벽지

놀이공간 안쪽은 스트라이프 벽지로 마감했는데, 나뭇결과 어울리면서 넓어 보이는 문양으로 골랐습니다.

쿠션 플로어

바닥재로는 쿠션 플로어를 다다미방 이외에 전부 깔았습니다. 원목 바닥재보다 저렴하고 방수성이 강합니다.

Hobby Room

이곳이 남편의 '은신처'입니다. 딸의 놀이공간인 벽장 안쪽으로 난 쪽문으로만 드나들 수 있습니다.

벽지

남편의 취향에 맞게 회색 벽돌 모양 벽지로 세련되게 연출하고, 대신 천장은 개방감 있는 밝은 색감으로 선택했습니다.

Bedroom

현관 옆 다다미방을 침실로 만들었습니다. 벽지와 다다미를 교체하고, 그레이 톤 침구로 심플하게 꾸미니 호텔식 방이 되었습니다.

Dressroom

벽장과 바닥을 철거해서 2평 남짓한 드레스룸을 확보했습니다. 가족의 옷과 CD, 청소기 등을 수납합니다.

거실 옆이 아이 방입니다. 냉난방을 위해 3짝 미닫이문을 달았습니다. 미닫이문을 오픈했을 때는 거실과 하나가 됩니다.

헤링본 벽지

거실의 정면 벽은 헤링본 무늬가 프린트된 벽지로 포인트를 주었습니다.

Living Room

가족이 모이는 LDK는 개방감을 우선시했습니다. 텔레비전 옆 통로는 침실로 이어져 있습니다. 해가 잘 들어 화초도 싱싱하게 자랍니다.

단층집다운 멋을 살려
LDK를 중심으로 방을 나눴습니다.
남편의 유일한 바람이었던
자신만의 공간도 확보했습니다.

시댁에서 4세대가 함께 살고 있던 저희 가족. 딸이 커가면서 생활리듬이 맞지 않게 되자 근처에 집을 구해보자고 나섰습니다.

무엇보다 우선시한 것은 단층집에 대한 꿈이었습니다. 어릴 적부터 공동주택에 살았던 저는 계단 오르기가 힘들었습니다. 게다가 아담해 보이는 단층집이 아이들을 돌보기 쉽고 동선도 자유로워 보였습니다.

처음에는 주택 전시장을 돌아다녔습니다. 하지만 남편과 저의 눈에는 매력적으로 보이지 않았고 예산도 벗어났습니다. 그래서 오래된 주택을 사서 리모델링을 하자고 결심하게 된 것이지요.

시댁 부근에, 딸이 다니는 유치원의 통학권이어야 한다는 조건을 내걸고 집을 찾아다녔습니다. 눈에 들어온 것은 40년 전에 분양한 주택. 낡기도 했고 매매 가격도 깎아주지 않았지만 넓은 정원을 보고서는 남편과 바비큐 파티를 할 수 있겠다고 흥분한 나머지 곧장 계약을 했습니다. 정원에 수국과 레몬을 심고 싶었던 바람도 있었지요. 주택을 매매하고 서둘러 리모델링 회사를 찾기 시작했습니다.

Sanitary

기존에는 세면대와 세탁기를 같이 둔 탓에 좁고 어두웠습니다. 세탁기를 다른 곳으로 옮기고 화이트한 공간으로 변신시켰습니다.

Entrance

신발장을 설치하고 벽면은 흰색 벽돌 무늬의 벽지를 발랐습니다. 복도와 문은 칠판 벽지로 색다르게 꾸몄습니다.

벽지

세련된 문양의 포인트 벽지를 사용해 세면실에 고급스러움을 더했습니다.

타원형 거울

타원형의 앤티크 거울을 옆으로 길게 달았습니다.

Toilet

아이가 화장실에 가는 것을 무서워하지 않도록 여러 종류의 벽지로 장난스럽게 꾸몄습니다. 변기는 물탱크가 수납장으로 가려지는 〈TOTO〉 제품.

부엉이 벽지

아이가 좋아하는 부엉이가 프린트된 벽지로 결정. 요즘 아이가 화장실 가는 것을 즐거워하니 효과 만점입니다.

리모델링을 의뢰한 시공사는 4곳의 후보 중에 고른 곳입니다. 선택 이유는 발포 단열공사를 한다는 것과 각종 제품과 마감재를 건축주가 직접 구입할 수 있다는 것이었습니다.
리모델링은 예산을 1억 원으로 정하고 공간 배치 변경과 내장재, 주방, 세면대 등의 설비를 결정해 나갔습니다. 공간 배치는 LDK의 옆에 침실과 아이 방을 좌우로 두고 화장실과 욕실의 위치는 바꾸지 않기로 했습니다.
특히 신경 쓴 부분은 주방의 설비와 벽지, 그리고 조명입니다. 직접 인터넷 사이트를 뒤져서 주방은 전문가의 조리대 같은 멋진 스테인리스로 결정했습니다. 요리하기를 좋아해서 넓은 조리대에 끌렸습니다. 바닥은 나뭇결 같은 쿠션 플로어로 선택, 흠집이 생기거나 더러워져도 교체 비용 부담이 적기 때문이지요. 남편이 원했던 개인 공간은 딸아이 방의 벽장 옆으로 정했습니다. 다른 문이 없어서 진짜 '은신처'가 되어버렸습니다.
봄이 되면 그토록 바라던 정원을 꾸밀 예정입니다. 어떤 정원으로 만들까 상상하는 것만으로도 벌써 행복해집니다.

Kitchen

일자형 싱크대를 대면식 오픈키친으로 바꿨습니다. 기능적인 주방은 일하기 편하고 청소가 쉬운 점이 매력입니다.

요리를 좋아하는 저는 실용적인 주방을 선호합니다.
벽과 천장은 벽지를 바르고
깔끔해 보이는 북유럽풍으로 마무리해
실용과 감성을 모두 담아냈습니다.

Pantry

냉장고 옆으로 있는 팬트리. 휴지통이나 식재료 수납공간이 꼭 필요하다는 생각에 방 일부를 막아 팬트리로 만들었습니다. 내부는 좋아하는 노란색 벽지로 화사하게.

스테인리스 키친

스테인리스 키친은 〈산와컴퍼니〉와 〈무인양품〉의 합작품입니다.

가스레인지는 〈린나이〉의 4구 타입. 레인지후드는 집연판을 단 〈산와컴퍼니〉의 미니멀 제품.

F 씨가 구입한 아파트는 LDK가 각 방으로 둘러싸인 한가운데 있어서 해가 잘 들지 않는 구조였습니다. 그래서 건물의 골조만 남기고 구조를 대변신시켰습니다. 화초가 어울리는 밝은 집으로!

SECTION 02

오래된 아파트를 리모델링해서 스타일리시한 공간으로

Writing
Ohno Shoko
Oyama Yuko
Kobayashi Mayu
Photograph
Azuma Yasuhide
Ohnaka Kei
Matsumura Takafumi

아파트의 공간 구조는
정해진 패턴이 있어서
특별한 구조를 바라는 사람에게는
뭔가 아쉬운 면이 있습니다.
하지만 의외로 간단하게
배치를 변경할 수 있는 집도 있다는 것은
많은 사람들이 알지 못합니다.
선택한 집이나 시공회사에 의해
비용의 폭이 큰 점도 흥미로운 점.
아파트 리모델링에는
생각지 못한 기회가 숨어 있습니다.

apartment house
CASE 01

테라스로 이어진 다다미방은 다이닝 룸으로 변경했습니다. 천장에 와이어매쉬를 달아 화분을 걸었습니다.

Dining Room

36년 된 아파트를 빈티지 스타일의 녹음이 우거진 집으로

M · F 씨

리모델링 비용 **9천만** 원

빈티지 숍을 운영하는 남편과 화초 키우는 것을 좋아하는 저의 취향이 어우러진 집으로

저희가 최종적으로 결정한 집은 오래된 아파트의 1층. 각 방에는 창문이 있어서 아파트 정원을 바라볼 수 있었습니다.

이전에는 남편의 가게 2층에 살았는데 낡고 좁아서 생활하기에 불편한 곳이었지요. 이사를 생각하고 있을 때 리모델링을 한 아파트를 보고 '이런 방법도 있었구나!' 하고 무릎을 탁 쳤습니다. 먼 거리도 상관없이 무작정 집을 보러 다닐 때, 아이가 "친구하고 같은 초등학교에 가고 싶은데 이사 안 가면 안 돼?"라고 하는 것이 아니겠습니까?

그래서 노선을 변경하고 같은 초등학교로 입학할 수 있는 범위로 지역을 한정해서 이 아파트를 찾아냈습니다. 초등학교, 중학교까지 도보로 5분 거리이고 장보기에도 편리하고, 특히 집안

Kitchen

철제 틀에 유리를 끼운 파티션 창을 설치해 카페 분위기를 연출했습니다. 친구를 초대해서 여럿이 사용할 수 있도록 통로를 넓게 만들었습니다.

모르타르 벽

주방과 거실의 일부 벽을 모르타르로 마감했습니다. 옵션 사항이어서 비용은 더 들었지만 세련된 멋이 돋보입니다.

디쉬랙

디쉬랙(식기 건조대)은 스테인리스 제품이어서 미묘한 뒤틀림이 오히려 멋스럽습니다. 〈Tse&Tse associees〉의 인디언 키친 선반.

L자형 주방

L자형 시스템키친은 시공사의 리모델링 패키지에 포함되었던 기본 사항. 비용 절감을 톡톡히 한 부분입니다.

에 볕이 잘 들어 OK! 아이가 있는 우리 집에 이 이상의 좋은 조건의 집은 없으리라 생각했습니다. 하지만 공사를 바로 시작할 수는 없었습니다. 당시에 이 집에는 집주인이 살고 있어서 이사 갈 집을 마련하기까지 기다려야 하는 상황이었습니다.

타일

주방의 바닥 타일은 기하학 무늬의 카펫 같은 타일로 선택해 심플한 공간에 포인트가 되어줍니다.

펜던트 라이트

펜던트 조명은 메탈 전등갓의 심플한 디자인으로 주방 분위기와 부드럽게 잘 어울립니다.

벽장 문

벽장은 갤러리 문을 달고 벽지와 비슷한 스모크그레이로 페인트칠했습니다.

벽지

아이 방은 은은한 컬러의 벽지로 마감했습니다.

Kid's Room

아이의 방은 커다란 고정창을 설치하고, 출입문도 창이 있는 문으로 제작했습니다. 실내 모습도 잘 보이고 내부도 더욱 밝아졌습니다.

아파트 매매가 이루어지기까지 걸린 기간은 3개월. 그간에 하루에 한 장씩 배치도를 그려가며 시공사와 신중하게 의견을 나누었습니다. 〈CODE STYLE〉에 시공을 의뢰했던 것은 감각이 뛰어났던 점도 있지만, 70㎡(21.18평)까지 5천880만 원이라는 리모델링 패키지 플랜에 호감이 갔습니다. 수도시설의 신설과 벽의 회반죽칠, DK의 조명까지 패키지 플랜에 포함되어 있어서 마음에 쏙 들었습니다. 게다가 마루, 바닥 타일, 유리문 등을 옵션으로 서비스해주었습니다.

공간 배치의 바람은 어쨌거나 밝고 넓은 LDK로 만들 것! 그리고 많은 친구들을 초대하고 싶은 마음에 주방에는 아일랜드 카운터를 설계해서 모두 함께 사용할 수 있도록 했습니다.

수고한 보람이 있어서 빈티지 가구와 그레이가 어울리는 방이 완성되었습니다. 기지개를 펴고 싶을 만큼 편안한 분위기입니다. 2억 원으로 이런 집을 얻을 수 있다니 행운이야! 라는 기쁨으로 충만한 매일입니다.

건조대

들보에 철봉을 걸고 다림질을 마친 와이셔츠를 잠시 걸어두는 장소로 활용합니다. 비가 오는 날에는 빨래를 말리는 공간으로도 사용합니다.

바닥재와 러그

바닥은 방음 기능이 있는 마루재로 시공하고, 백화점에서 구입한 카펫을 깔았습니다. 따뜻함이 느껴지는 색 배합이 마음에 듭니다.

가장 고민했던 것이 아이 방의 벽지 색깔이었습니다.
LDK의 분위기에 어울리면서
아이가 좋아하는 공간으로 만들어주고 싶었습니다.

Living Room

텔레비전 장식장은 영국산 앤티크. 벽은 회반죽 칠과 모르타르 2종류를 사용해 마감했습니다. 천장의 합판은 떼어내고 콘크리트를 그대로 드러냈습니다.

Entrance

현관 바닥은 한 단 높여서 곡선으로 변화를 주었습니다. 작가의 작품인 조명과 의자를 하나씩 배치했더니 갤러리 같은 풍경을 선사합니다.

쇠나 나무, 돌 등
자연에 있는 재료를 조합해
간결하지만 따스함이 묻어나는
공간으로 만들었습니다.

유리문

복도 끝에서 거실을 바라보는 뷰. 문은 복도까지 빛이 비치도록 철제와 유리로 제작했습니다.

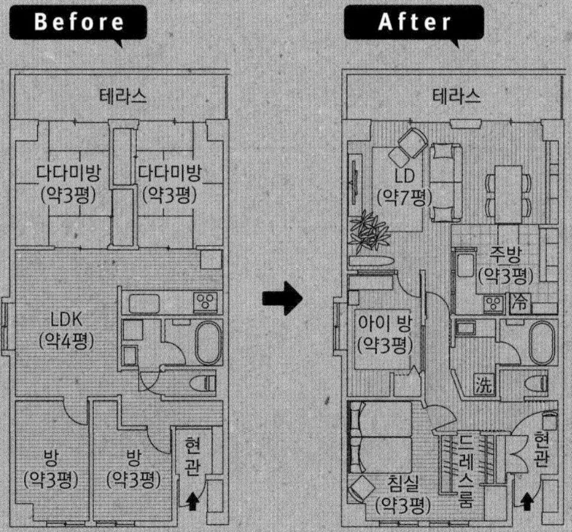

※ LDK : 거실(Living), 식당(Dining), 주방(Kitchen)이 연결된 구조를 말함.
※ 도면에서 洗는 '세탁기', 冷은 '냉장고'를 의미합니다.

1 복도는 동굴 같아서 다음 장소에 어떤 풍경이 펼쳐질지 상상하게 합니다. 코너의 문은 침실 문. **2** 현관이 넓어서 집의 첫인상은 답답하지 않습니다. 신발장도 제작해서 설치했습니다.

Bedroom & Dressroom

1 침실은 침대를 2개 놓고도 공간이 넉넉합니다. **2** 드레스룸은 침실과 복도, 양쪽에서 드나들 수 있도록 설계했습니다.

주요 리모델링 사항 / 공간 배치 변경(각 방의 벽 위치 변경, 세면대 확장, 복도 위치 변경) / 주방·세면대·화장실·현관 교체 / 천장고 변경 / 전기배선공사 / 도장공사 / 벽지공사 / 드레스룸 제작 / 아이 방 벽장 제작 / 실내창과 문 제작 / 신발장 제작 등

리모델링 DATA

가족구성 / T · F 씨(41세), M 씨(43세), 딸(5세)
건축년수 / 36년
공간구성 / 방4 + LDK → 방2 + LDK + 드레스룸
총면적 / 74㎡(22.39평)
주택구입가격 / 1억7백만 원

리모델링 비용 / 9천만 원
리모델링 면적 / 74㎡(22.39평)
보강공사 / 상하수도 배관 교체
시공 / CODE STYLE
HP / www.codestyle-web.com

Kitchen & Dining Room

타일

목재가 주를 이루는 인테리어에 주방 타일도 브라운 계열의 빈티지 스타일로 정했습니다.

목재 카운터

아이치 현 오카자키 시의 인테리어 숍 〈Caravan Furniture〉에 사이즈를 알려주고 휴지통을 넣을 수 있도록 주문 제작했습니다.

스테인리스 시스템키친

1 싱크대는 커다란 네모꼴 모양으로 깔끔한 디자인. 2 〈산와컴퍼니〉의 시스템키친. 상부장을 없애고 목재 선반을 설치해 카페 주방 같은 분위기로 연출했습니다.

apartment house
CASE 02

31년 된 아파트를 목재의 따스함이 있는 카페 같은 집으로

T · E 씨

리모델링 비용 1억2천만 원

옛날식으로 작게 나뉜 공간 배치. 다다미방 2개를 터서 LDK를 넓히고 일부를 아이 방으로 만들었습니다. L자형 주방은 일자형으로 바꿨습니다.

가지고 있던 그릇장이 새로운 인테리어에 어울리지 않아서 그릇장 앞에 커튼 봉을 달아서 가렸습니다.

옅은 색의 원목 바닥과 도자기 느낌의 타일…. 카페처럼 편안한 다이닝 키친을 꿈꾸었습니다.

전근이 잦은 저희 부부가 집을 사려면 용기가 필요했습니다. 하지만 부부 모두 좋아하는 공간에서 살고 싶다는 강한 열망에 〈Next Colors〉라는 시공사에 상담 차 방문하게 되었습니다. 나중에 임대로 내놓을 수도 있었기 때문에 임대 조건도 상담한 후 결정했습니다. 저는 전직 웨딩플래너로 레스토랑 웨딩 담당이었습니다. 그런 경험을 바탕으로 언젠가 집을 산다면 나무의 따뜻함이 넘치는 카페 같은 공간을 만들고 싶었습니다. 하지만 원목 바닥은 그 멋이 제대로 나기까지 시간이 걸립니다. 그래서 제안을 받아 분위기에 맞는 바닥재를 깔기로 했습니다.

남편은 독신 시절부터 〈KARIMOKU〉의 소파를 살 정도로 가구를 좋아했습니다. 직업은 주택건설업자로 신축 건물을 건축하고 있지만 좋아하는 가구에 맞추려면 리모델링이 알맞다고 생각하는 것 같았습니다. 리모델링 결정이 나자마자 오사카 상점인 〈TRUCK〉에 소파를 주문하러 갈 정도였습니다.

Kid's Room

집성목으로 벽의 한 면을 목재 선반으로 제작. 그림책과 단행본 등 다양한 크기의 책이 들어가도록 선반의 높이를 다르게 배열했습니다. 내부 벽은 유공 보드로 마감해 사진과 그림을 장식하기 좋습니다.

구조상 남긴 대들보 부분에 목재판으로 2단 선반을 제작했습니다. 소중한 CD를 수납할 수 있어서 남편도 대만족입니다.

예전에 도쿄에서 '디자이너스 맨션(유명한 건축 디자이너가 설계한 아파트로 도심의 임대아파트를 중심으로 생겨남)'에서 산 적이 있습니다. 보기에는 멋이 있었지만 수납공간이 적어서 불편했던 기억이 있습니다. 때문에 이 집에서는 동선과 수납에 특히 신경을 썼습니다.

예를 들면 500장 이상 되는 남편의 CD나 아웃도어 용품과 같은 취미용품을 수납할 공간을 확보해야 했습니다. 기존에 가지고 있던 그릇장을 쓰고 싶어서 장소를 정해 커튼으로 가리는 방식을 택했고, 덕분에 인테리어를 해치지 않는 선에서 깔끔하게 마무리했습니다.

또한 아이 방은 가족과 가깝게 오갈 수 있는 거실 옆에 배치하고, 아이 방 역시 카페처럼 꾸몄습니다. 책을 좋아하는 딸아이를 위해 벽의 한 면은 책장으로 만들어주었더니 매우 기뻐했습니다.

이 집에 살면서부터는 가족 간에 대화가 더 많아졌습니다.

아크릴 창의 미닫이문

아이 방의 출입문은 안전을 위해 유리창이 아닌 아크릴판을 사용했습니다. 창틀은 솔송나무 목재로 제작했습니다.

어둠침침하고 낡은 모습의 다다미방. 뼈대만 남기고 배치를 바꿔서 넓고 밝은 LDK로 변신시켰습니다.

아이 방은 거실 옆에 두고 수납은 적재적소에! 가족 모두 생활하기 편하면서 오랫동안 애착을 가질 수 있는 집으로

Living Room

거실의 유리창 너머는 아이 방. 아이가 노는 모습을 언제든 볼 수 있어 안심입니다. 천장의 합판을 떼어내고 배관을 드러나게 했습니다.

바닥재

거실 마루는 복합바닥재로 시공. 표면은 3/4㎜ 떡갈나무 목재로 클리어 오일을 발라 마감했습니다.

슬라이딩 반 도어

디자인을 고려해 제작한 레일과 문이 한 세트인 반 도어(barn door). 손잡이로 가스관을 이용했습니다.

Entrance

바닥은 검은색이 들어간 모르타르로 마감. 오래된 목재를 이용해 전신거울을 만들어 현관의 장식물로 삼았습니다. 가족들이 사용하기 좋은 위치이기도 합니다.

기존에는 어둡고 좁았던 현관. 폭을 넓히고 흰색으로 벽을 칠해서 산뜻한 현관으로 만들었습니다. 배관을 깔기 위해 바닥을 10㎝ 높였습니다.

Shoes Room

신발뿐 아니라 캠프용품, 스노보드, 아이의 자전거까지 전부 보관할 수 있는 현관의 숨은 수납공간. 신발 선반은 시나합판으로 제작했습니다.

아웃도어를 즐길 수 있도록
공간을 넓게 확보한 현관의 수납공간과
나무의 온기를 불어넣은
세면실도 흡족한 공간으로 거듭났습니다.

1 고급스러운 분위기로 꾸민 세면실. 미용실에서 본 커다란 거울이 갖고 싶어서 제작해서 설치했습니다. 2 세면대 아래를 비운 만큼 수납공간을 늘리기 위해 선반을 달았습니다.

Sanitary

세면대와 수전

세면대는 아이와 동시에 사용해도 좁지 않은 대형 사이즈를 선택했습니다. 수전은 2핸들 혼합수전으로 벽에 설치해 깔끔합니다.

Toilet

화장실은 공간이 좁아서 조금은 생기 있게 벽을 투톤으로 칠했습니다.

Before

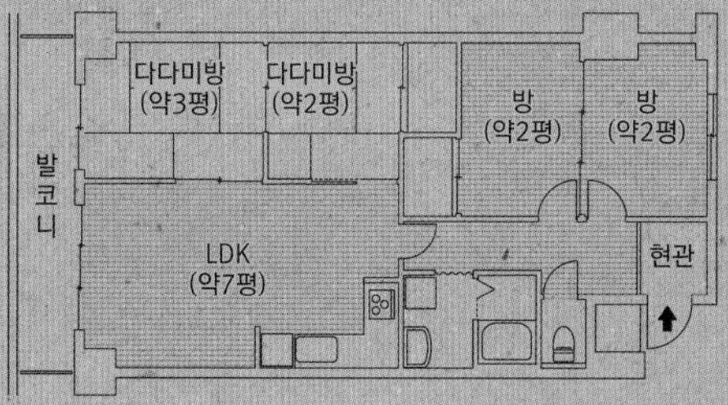

After

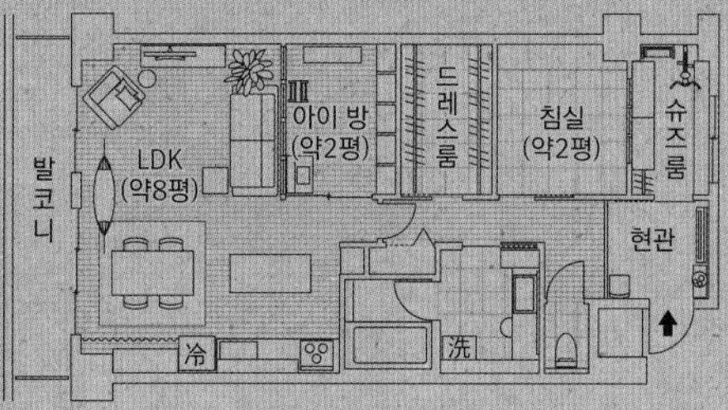

주요 리모델링 사항 / 공간 배치 변경(방4 + LDK → 방2 + LDK + 드레스룸 + 현관 슈즈룸) / 바닥 교체 / 벽의 전면 교체 / LDK의 천장고 변경 / 주방 교체 / 수납장 설치 / CD선반 제작 / 아이 방의 창과 문 제작 / 드레스룸의 선반과 봉 설치 / 화장실 교체 / 현관 바닥을 모르타르로 마감 / 슈즈룸 문과 선반 제작 등

리모델링 DATA

가족구성 / T · E 씨(36세), N 씨(36세), 딸(6세), 딸(3세)
건축년수 / 31년
공간구성 / 방4 + LDK → 방2 + LDK + 드레스룸 + 슈즈룸
총면적 / 75.46㎡(22.83평)
주택구입가격 / 1억5천만 원

리모델링 비용 / 1억2천만 원
리모델링 면적 / 75.46㎡(22.83평)
보강공사 / 없음
시공 / Next Colors
HP / www.nextcolors.com

Dining Room

카운터 위의 벽을 허물고 주방을 짜 넣었습니다. 식당·거실이 주방과 연결되어 가사의 효율성이 높아졌습니다.

apartment house
CASE 03

20년 된 아파트를 들창이 있는 사랑스러운 카페 분위기로

K·U 씨

리모델링 비용 3천만 원

1 주방 옆에 있던 수납을 식탁의 니치(niche, 두꺼운 벽면을 파서 만든 움푹한 공간)로 옮겨 보았습니다. 2 벽을 없애서 생긴 공간에 주방에서 떼어낸 바닥재를 재활용했습니다.

이 집에서 생활한 지 12년 차, 두 번째 리모델링입니다. 이번에는 벽의 도장과 타일을 붙이는 등 부부 두 사람이 즐겁게 작업을 했습니다.

12년 전 아파트를 샀을 때 다다미방을 양실로 바꾸는 등 대대적인 공사를 했습니다. 하지만 시간이 흐르자 주방의 불편함이 도드라지고 모든 창호가 밋밋하게 느껴졌습니다.

전부터 다음에 리모델링을 한다면 반드시 의뢰하고 싶은 시공사가 있어 연락을 해보았더니 견적과 스케줄이 마침 잘 들어맞았습니다. 다시없을 기회라고 느껴져 두 번째 리모델링을 결정했습니다. 감각이 뛰어난 것은 물론, 건축주를 공사에 참여시켜주는 점도 이 회사를 선택한 이유입니다.

실내창

카페 분위기에 어울리는 실내창을 디자인해 상단의 들창은 유리로, 하단의 고정창은 안전을 고려해 아크릴을 사용했습니다.

거실과 구분해서 독립된 공간으로 만든 안쪽 방 모습입니다. 벽과 실내창을 만들었더니 분위기가 놀랄 만큼 달라졌습니다. 가구 배치도 바꿔서 수납공간도 플러스.

거실과 옆방 사이에는 일부만 가려진 벽이 있었습니다. 장지문(방과 방 사이, 방과 마루 사이에 칸을 막아 끼우는 문)이 있던 흔적만 남은 것인데, 여기에 아예 실내창을 달아 카페 분위기를 연출했습니다.

벽의 도장과 타일 시공 방법과 마감까지 자세히 가르쳐주었습니다. 이것은 경비절감 목적보다도 목공작가로 잡지를 만들고 있는 제게 필요한 것이었습니다.
어정쩡한 다다미의 느낌만 남아 있던 방의 입구와 노후된 문이 산뜻하게 변해서 방의 분위기가 아늑하게 바뀌었습니다. 목재가구가 잘 어울리는 카페 분위기의 집에서 오늘도 사랑스러운 분위기를 즐깁니다.

목재 거실문

나왕합판으로 만들고 왓코 오일로 마감. 유리창을 크게 만들어서 복도가 밝아졌습니다.

명목뿐인 카운터가 있던 주방. 위쪽 벽을 없애자 한결 밝고 넓은 공간이 되었습니다.

두 번째 리모델링에서 가장 중요시한 것은 좁은 주방을 밝고 요리하기 편한 오픈 주방으로 바꾸는 일이었습니다.
대략적인 틀만 바꿔주면 나중에 천천히 그릇과 냄비의 크기를 고려하면서 직접 정리해가고 싶다고 요청했습니다. 그러한 저의 바람을 시공사가 모두 들어주었고, 예산 내에서 공사를 하기 위해 대부분의 설비를 제작해 주었습니다. 공사 과정에서 나온 폐기물을 이용하는 등 감각도 뛰어났습니다.
담당자는 스마트폰 앱인 〈Pinterest〉를 사용해서 정보를 얻었습니다. 그 결과, 이미지를 능숙하게 공유하고 머릿속에 그려진 대로 완성해나갔습니다. 특히 기뻤던 것은 아이가 성장해가는 키를 새겼던 기둥을 그대로 남기자고 말해주었던 점. '가족'을 우선으로 생각해주었던 점이 고마웠습니다.
다음에는 이번 공사에 손대지 않은 욕실을 리모델링할 계획입니다. 그때는 같은 팀에 '다 맡겨두고' 싶은 마음입니다.

저는 기본적으로 오픈 수납을 선호하는 편입니다. 안쪽 선반은 기존에 있던 것에 합판을 더 얹어서 채운 것입니다.

바닥 타일

블랙 톤의 커다란 크기가 마음에 들었습니다. 거실 마루재와도 잘 어울립니다.

스테인리스 싱크대

시공사에 의뢰해 제작한 것입니다. 세제를 놓는 곳도 디자인해 센스 만점.

가스레인지

〈린나이〉의 스테인리스 외장 타입. 깔끔한 디자인이 마음에 쏙 듭니다.

Kitchen

주방은 L자형으로 설계하고 조리대는 스테인리스로 선택. 수납공간은 틀만 만들어서 안에 들어갈 물건에 맞춰서 직접 선반을 달았습니다.

카운터가 있는 좁은 주방을
밝으면서 요리하기 편한
카페 같은 분위기로 바꾸는 것이
이번 리모델링의 우선 과제였습니다.

레인지후드

주방은 공간이 협소해서 레인지후드도 존재감이 드러나지 않도록 흰색으로 골랐습니다.

벽 타일

타일도 흰색으로 일체감 있게 컬러를 통일한 대신, 타일의 재질을 울퉁불퉁하고 크기가 다른 수제 느낌으로 맞춰서 붙였습니다.

Passage

복도의 중문은 합판 문으로 제작하고 벽면은 노출 벽처럼 칠해서 색다르게 바꿨습니다.

Entrance

현관문의 블루 컬러를 포인트로 삼아 칠하고, 천장까지 닿는 신발장은 나왕합판으로 만들었습니다.

실내 창호는 전부 목재로 교체했는데
합판으로 만든 복고풍의 문에는
각기 다른 손잡이를 달아 재미를 더했습니다.

문 손잡이

1 앞에서부터 침실, 화장실, 작업실의 문. 2 좋아하는 소재로 만들어진 앤티크 아크릴 손잡이. 3 침실문은 간결하고 둥근 손잡이로.

1

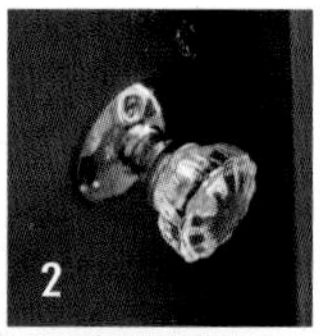
2

3

현관 바닥 타일

모르타르 분위기를 내고 싶어서 옅은 회색으로 시공하고 줄눈도 같은 색으로 마감했습니다.

Bedroom

벽은 도장하고 바닥은 카펫을 깔았습니다. 침대 머리맡에는 철삭 과정에서 남은 자투리 목재를 직접 붙여서 멋스러운 아트월을 완성했습니다.

Toilet

변기는 그대로 두고 벽을 칠한 뒤 바닥 타일을 교체했습니다. 벽에 덧댄 몰딩은 공사에서 남은 목재를 재활용한 것입니다.

바닥 타일

화장실은 벌집 모양의 타일을 시공했는데, 꽃 모양은 색을 바꿔가며 직접 붙였습니다.

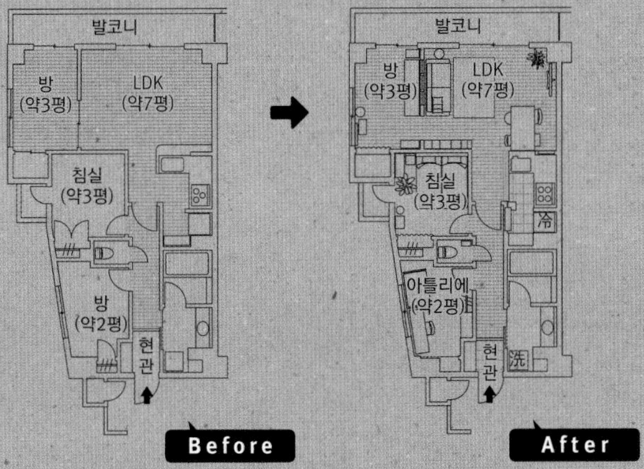

주요 리모델링 사항 / 주방 제작 / 주방의 일부 벽 철거 / 신발장 제작 / 문 교체 / 거실과 옆방 사이에 벽을 만들어 실내창을 제작 / 식탁 옆의 니치 제작 / 주방 · 현관 · 화장실 타일 시공 / 현관문 도장 / 거실 · 주방 · 침실 · 아이 방 · 복도 등의 벽면 도장

리모델링 DATA

가족구성 / K · U 씨(39세), 남편(42세), 딸(14세)
건축년수 / 20년
공간구성 / 방3 + LDK → 방3 + LDK
총면적 / 65.31㎡(19.76평)
주택구입가격 / 3억 원

리모델링 비용 / 3천만 원
리모델링 면적 / 60㎡(18.15평)
보강공사 / 없음
시공 / 나카타 제작소
HP / www.nakata-archi.com/home.php

apartment house
CASE 04

20년 된 아파트를 심플하고 강렬한 프랑스풍 집으로

K·T 씨

리모델링 비용 6천8백만 원

Dining Room

모르타르 마감의 카운터가 눈길을 끕니다. 대들보와 천장 합판을 떼어내 천장고을 높이고 덕트와 배선은 흰색 페인트로 마감했습니다.

밝고 청결한 느낌의 흰색이 좋아서
프랑스 스타일을 그리며
철제나 직선의 디자인을 바탕으로
차분하게 꾸몄습니다.

온통 화이트라 밋밋할 수 있어서 창호와 장식품에 철제와 모르타르를 사용해 긴장감을 높였습니다.

저희는 사실 과거에 두 번의 리모델링 계획을 세우고 바로 직전에 전면 백지화했던 경험이 있습니다. 그래서 이번에야말로 제대로 해내자고 다짐을 했습니다. 과거의 경험으로 저의 머릿속에는 이런 집을 짓고 싶다는 그림이 그려져 있었습니다.
이전 집은 컨트리 스타일의 아기자기한 인테리어였습니다. 하지만 시간이 흐르자 미니멀한 분위기가 좋아졌습니다. 그래서 흰색을 바탕으로 검은색 계열로 공간에 강약을 줘서 심플한 분위기로 꾸미고자 했습니다. 이만하면 좋아하는 앤티크 가구와 잡화도 돋보여 싫증날까 걱정할 필요가 없어졌습니다.
주방은 스테인리스의 모던한 제품으로 바꾸었습니다. 카운터의 모르타르 마감은 남편이 좋아하는 것이지만 시공하고 보니 자연스러운 멋이 집안 분위기와도 잘 어우러집니다. 예산은 한정되어 있었지만 미니멀 스타일로 꾸민 덕분에 모든 바람이 실현되었습니다. 저희가 오랫동안 애착을 가질 수 있는 집이 이렇게 완성되었습니다.

before

거실 문

거실 문을 열면 침실과 현관으로 이어집니다. 블랙 컬러의 문이 너무 어두워 보이지 않도록 바둑판 모양의 유리를 끼웠습니다.

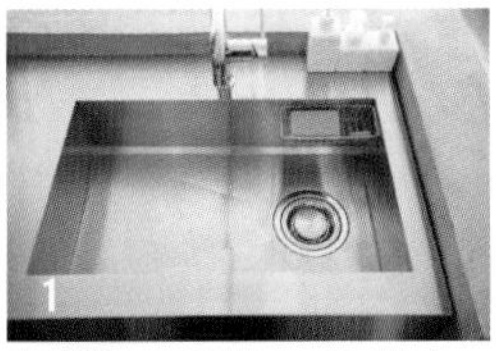
1

2

3

스테인리스 주방

1 주방의 스테인리스 싱크볼은 경사가 있어서 배수도 용이합니다. 2 〈린나이〉의 가스레인지를 설치. 3 모르타르 마감의 벽에 스테인리스 싱크대를 매치했습니다.

거실과 옆 공간 사이에 아크릴 3장을 끼운 철제 문을 제작해 설치했습니다. 평소에는 거실과의 파티션 역할을 합니다.

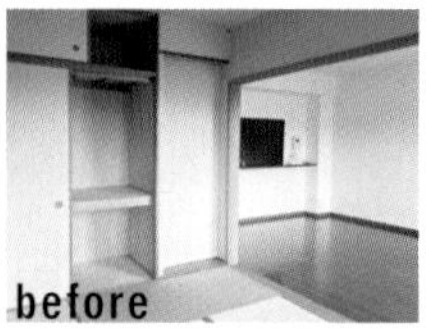

거실 옆에 다다미방이 있는 흔한 타입의 구조. 바닥재를 바꾸고 벽장은 철거해서 서재 공간으로 만들었습니다.

바닥재

어렵게 구한 바닥재는 유럽의 떡갈나무 원목을 가공한 해외 제품. 원래는 신발을 신은 채로 사용하는 제품입니다.

빈티지 감성이 묻어나는 애시그레이의 바닥재가 볼수록 마음에 듭니다. 여기에 주물과 검은 철제 제품으로 강약을 줘서 매력적인 공간으로

거실 옆방은 제가 좋아하는 바닥재로 선택. 앤티크 가구와 소품과 어울리는 바닥이어야 한다고 요청하자 시공사는 몇 번이고 발품을 팔아 구미에 딱 맞는 제품을 찾아주었습니다. 여러 용도로 활용하던 이곳에는 잡화를 디스플레이하고, 벽에는 프로젝터용 스크린을 걸어 가족이 모여 영화감상을 하곤 합니다.
남편의 취미생활을 위해 벽장을 뜯어 서재 공간으로 만들었습니다. 거실 옆방은 얼마든지 변화 가능한 공간이어서 아이가 크면 다양하게 활용할 수 있을 것 같습니다.
가족의 성장과 함께 집의 구석구석을 궁리해가는 것도 언제나 즐거운 일입니다.

Entrance

신발을 신은 채로 외출하기 전에 거울을 볼 수 있도록 복도를 1m가량 잘라내 현관을 넓혔습니다. 바닥은 모르타르 마감.

Toilet

화장실은 심플하게 꾸몄습니다. 대신 밋밋하지 않게 투톤으로 도장했습니다.

핸드메이드 마켓 〈minne〉에서 찾아낸 〈mocu〉라는 작가의 핀 표식(글씨체대로 나무를 깎아 핀으로 고정시킨 것). 조명을 켜면 분위기가 한층 살아납니다.

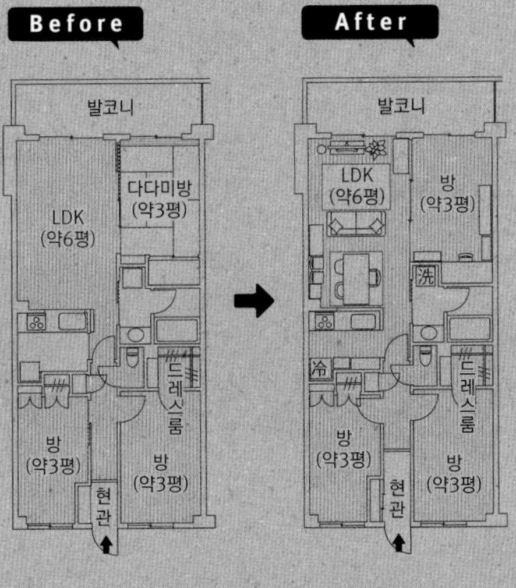

주요 리모델링 사항 / 주방·화장실·세면대 설치 / 문 교체 / 바닥과 벽지 마감 / 다다미방을 양실로 변경 / 벽장을 서재 공간으로 개조 / 거실에 미닫이 문 설치 / 천장판 철거하고 콘크리트칠 / 현관문 도장 / 현관 공간 확장 / 수납선반 설치 등

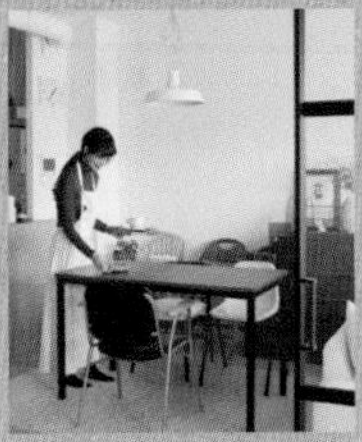

리모델링 DATA

가족구성 / K·T 씨(36세), 남편(37세), 딸(10세)
건축년수 / 20년
공간구성 / 방3 + LDK → 방3 + LDK
총면적 / 70.21㎡(21.24평)
주택구입가격 / 2억3천만 원

리모델링 비용 / 6천8백만 원
리모델링 면적 / 70.21㎡(21.24평)
보강공사 / 없음
시공 / Aube
HP / www.aube-inc.co.jp

apartment house

CASE 05

저는 손수 제작한
디자인이 뛰어난 물건을 좋아해서
그러한 취향을 중심으로
리모델링했습니다.

33년 된 아파트를 수제가구와 식물이 어우러지는 집으로

K · Y씨

리모델링 비용 8천3백만 원

Living & Dining Room

기존에는 다다미방과 LDK로 나눠져서 배관이 숨겨진 대들보가 벽면에 있었습니다. 문은 없애고 대들보를 철거해서 배관을 드러냈습니다.

before

바닥재

월계수 바닥재는 개성 있는 가구들과 잘 어울립니다.

3인용 소파는 디자인은 물론 안락함도 탁월합니다. 장지문을 없앤 결과 소파를 놓아도 좁아 보이지 않습니다.

테라스 부분은 바닥을 1m 정도 모르타르 처리하여 또 다른 휴식 공간으로 구분했습니다.

Inner Terrace

Work Space

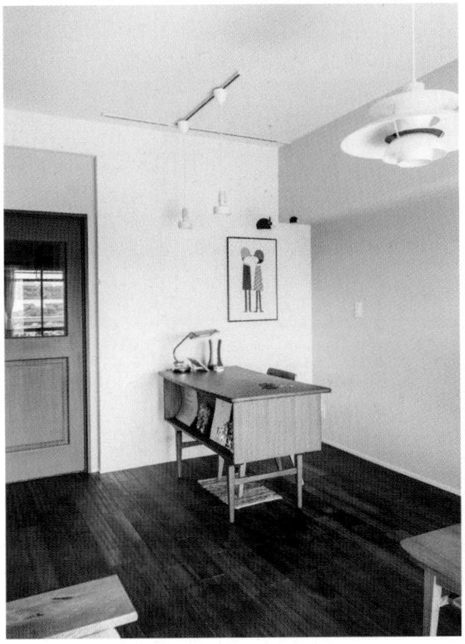

거실 한쪽은 나의 작업 공간. 페인트칠과 베이지색 규조토 마감으로 벽면에 변화를 주었습니다.

펜던트 라이트

거실의 조명은 〈루이스 폴센(Louis Poulsen)〉의 PH5. 인터넷의 인테리어 숍에서 구입했습니다.

예전부터 대량 생산되는 것보다 정성 들여 손수 제작한 물건이 좋았습니다. 그만큼 만든 사람의 마음이 깃든 것도 없으니까요. 리모델링을 선택했던 이유도 하나하나 정성을 담아 내가 생각한 대로 만들고 싶었기 때문입니다.

저는 IT계열 회사 소속의 재택근무를 하는 사람이어서 집에서 누리는 편안함을 더욱더 중요하게 생각합니다. 그래서 LDK의 문과 장지문을 없애 공간을 하나로 터서 개방감을 느낄 수 있는 구조로 만들었습니다. 거실 한쪽에 작업실을 확보하고, 창가에는 실내 테라스를 설계해 햇살 좋은 날은 창을 열면 안팎의 테라스가 연결돼 또 하나의 풍경을 선사합니다.

아내는 일을 마치고 돌아와 커다란 소파에 푹 파묻혀 쉬는 것이 무엇보다도 큰 안식인 듯 보입니다. 물론 고르고 고른 가구와 조명도 빛을 발해 마음에 편안한 휴식을 제공합니다. (야마시타 겐지 씨)

〈이케아〉의 하부수납장을 기본으로 해서 직접 구입한 제품들을 짜 맞췄습니다. 조리대는 〈몰텍스(Mortex)〉를 미장 처리했습니다.

아파트를 살 당시에는 신축으로 구입을 할까 생각한 적도 있었습니다. 하지만 남편이 원하는 것을 듣다 보니 리모델링의 장점에 끌렸습니다.
남편의 감각을 믿은 것이 결과적으로는 대성공을 거둔 셈입니다. 인테리어와 편안함은 물론 비용 면에서도 고민이 많았습니다. 가령, 바닥재와 문은 인터넷에서 싸게 파는 것을 주문했습니다. 사고 싶었던 〈보쉬〉의 식기세척기나 〈그로헤〉의 수전도 일본에서 사는 것보다 해외직구를 이용해 싸게 살 수 있었습니다. 덕분에 상당한 비용을 절약했습니다.
제가 원했던 가사동선과 수납도 공간 배치를 잘 연구해서 바람대로 되었습니다. 때문에 풀타임 근무를 하는 제게 집안일이 좀 더 수월해졌습니다. 세부적인 사항에도 바라는 바가 많았던 저희에게는 신축 아파트보다는 오래된 아파트의 '리모델링'이 딱 맞았습니다. (노리코 씨)

Kitchen

수전

〈그로헤〉의 수전 K7은 독일의 〈아마존〉에서 주문해서 저렴하게 구입했습니다.

식기세척기

독일제 〈보쉬〉의 빌트인 식기세척기는 해외 직구. 〈WOODPRO〉의 목재를 표면에 붙였습니다.

Dining Room

최상층이어서 천장이 높은 점도 이 집이 마음에 들었던 이유 중 하나. 거실과 다이닝 룸 사이의 벽은 페인트로 포인트를 주었습니다.

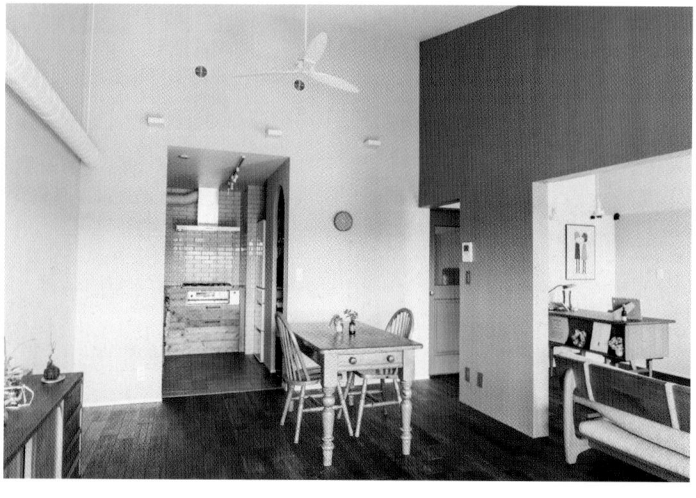

문과 바닥재 등의 디자인은
남편이 정해 인터넷으로 주문했고
공간 배치는 제가 사용하기 쉽게
요청했습니다.

Entrance

바닥재는 〈마루시카 세라믹스〉의 히스토릭이라는 이탈리아 제품의 타일. 줄눈도 그레이로 통일했습니다.

주문형 도어

거실로 이어지는 문은 주문 제작했으며 창을 크게 디자인하여 복도까지 햇살이 가득합니다.

Bedroom

침실은 보라색의 화사한 공간으로 빛을 발합니다. 벽장을 넓혀 드레스룸으로 변신.

Before

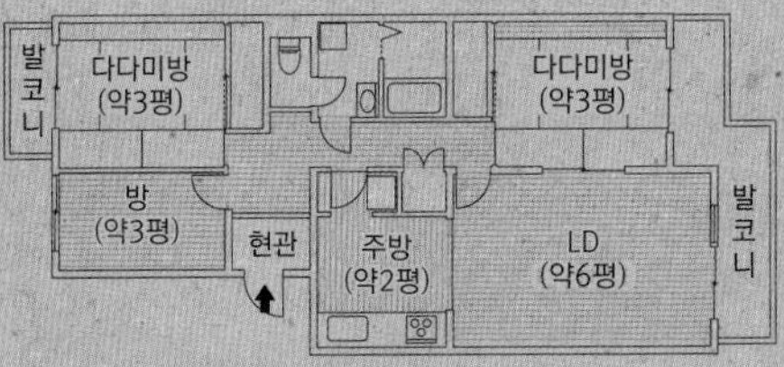

After

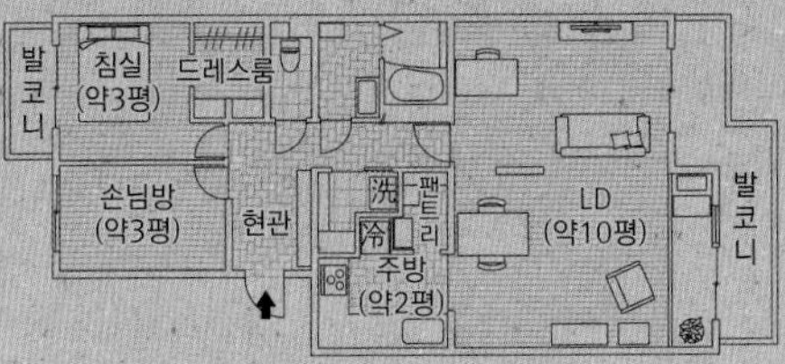

주요 리모델링 사항 / 공간 배치 변경(방3 + LDK → 방2 + LDK + 드레스룸) / 바닥 교체 / 벽과 문의 페인트칠 / 거실과 침실 천장고 변경 / 대들보를 철거해서 배관 노출 / 실내 테라스 시공 / 주방 교체(일자형→L자형) / 팬트리 제작 / 세면대 제작 / 유리블록 설치 / 욕실과 화장실 교체 / 침실에 드레스룸 제작 / 현관과 복도에 타일 부착 / 현관 선반 제작 등

리모델링 DATA

가족구성 / K · Y 씨(39세), N 씨(40세)
건축년수 / 33년
공간구성 / 방3 + LDK → 방2 + LDK + 드레스룸
총면적 / 81.59㎡(24.68평)
주택구입가격 / 1억4천5백만 원

리모델링 비용 / 8천3백만 원
리모델링 면적 / 81.59㎡(24.68평)
보강공사 / 없음
시공 / 구칸샤
HP / www.kukansha.com

천장의 합판을 떼어내고 배관을 그대로 드러내서 낡은 건물 같은 멋스러움을 즐깁니다.

apartment house
CASE 06

43년 된 아파트를 세련된 인더스트리얼 스타일 집으로

T · H 씨

중세시대나 북유럽풍의
인테리어를 좋아해서
내 집을 갖게 된다면 자재를 직접 골라
리모델링하고 싶다는 꿈을 꾸었습니다.

리모델링 비용 9천만 원

2년 전에 결혼을 해서 집을 구할 때 처음부터 신축은 염두에 두지도 않았습니다. 예전에 친정집이 재건축을 했을 때 건축자재를 자유롭게 선택하는 것을 보고 놀랐기 때문입니다. 그 후로 리모델링이라는 방법을 알게 되고 언젠가 나의 집을 갖는다면 꼭 리모델링을 해야겠다고 결심했지요.

애초에 낡은 집이나 폐허에 관심이 있어서 산업현장에서 볼 만한 소재나 나무를 가지고 인테리어를 하고 싶었습니다. 지쳐서 귀가해도 요리를 즐길 수 있는 주방을 만들어야 하는 점도 놓칠 수 없었습니다.

낡은 건물을 나의 입맛대로 되살리는 즐거움이란 너무나 마음 설레는 일이었습니다. 공간 배치는 물론 벽 색깔이나 타일 모양 등 시공회사 측과 세부사항까지 의견을 조율하며 정했습니다.

신축으로는 이루기 힘든, 우리만의 공간으로 만들어 낸 것도 리모델링 덕분입니다. 맞벌이 부부인 저희가 회사에서 피곤에 지쳐 돌아와 소파에 걸터앉아 물끄러미 집안을 둘러보면 바깥의 떠들썩함도 잊고 몸도 마음도 금세 편안해집니다.

드레스룸을 넓히기 위해 주방의 위치를 앞으로 옮겼습니다. 주방은 조리대가 한쪽 벽면에 붙는 페닌슐라(peninsula, 반도형) 주방으로 설계하고, 천장은 드러내서 20㎝가량 높아졌습니다.

Kitchen & Dining Room

주방은 선반을 포함해 모두 제작한 것입니다. 강약을 둔 블루그린 벽지로 주방에 포인트로 삼았습니다.

시스템키친

〈듀폰 코리안〉의 인조대리석 싱크대를 설치했습니다.

주문형 도어

표면은 시나 베니어 합판. 마루재 색에 맞춰 도장했습니다.

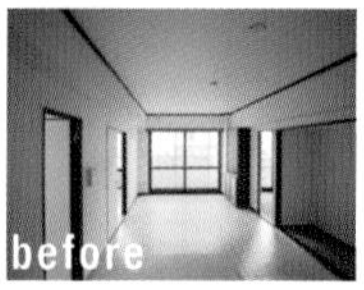

이동할 수 없는 난방장치는 텔레비전 장식장 안에 빌트인시켰습니다. 유리창을 넣은 파티션으로 개방감 있게 공간을 나누었습니다.

Work Space

남편의 DJ 공간과 저의 작업 공간을 겸한 방. 시나합판으로 전용 레코더 선반도 만들었습니다.

우리의 꿈을 이루어준 것은 규모가 작기에 유연성이 있다고 여긴 시공사. 일을 진행하며 그것이 정답임을 깨달았습니다.

리모델링을 하려고 결심하긴 했지만 어디에 의뢰하면 좋을지 시공회사 찾기에 고민이 많았습니다. 인터넷에서 여러 곳을 조사하고 몇 곳의 회사에 상담해보았지만 예산이 맞지 않아서 큰 회사가 아닌 개인이 경영하는 곳이 나을까 싶어 눈을 낮췄습니다. 겨우 찾아낸 곳이 이번에 도움을 받은 〈도키메키디자인 · 아틀리에〉. 부동산 업무도 하는 시공사여서 일이 척척 진행되었습니다.

다른 회사는 예산이 부족하다는 말을 들었지만, 이 회사는 "어떻게든 해봅시다!"라는 말을 해주었습니다. 그 결과 제가 이루고자 했던 바를 전부 들어주었습니다. 거의 완벽한 우리 집에 대만족이지만 공사 과정이 즐거웠기 때문에 언젠가 라이프스타일이 바뀌면 이 집은 임대를 주고 다시 리모델링해보고 싶다는 마음도 듭니다.

슬라이딩 반 도어

벽면의 오브제처럼 보이는 반 도어(barn door)는 발판 널 등의 목재를 이용한 것. 중국에 주문해 받은 레일에 달았습니다.

주방의 조리대와 같은 서브웨이 타일을 사용했습니다. 줄눈을 두껍게 그려서 감각적으로 바꿔보았습니다. 모르타르 세면대는 저의 취향.

Entrance

낮은 천장에 맞게 제작한 문과 모르타르 현관 바닥이 포인트. 신발장은 레일식이어서 선반의 높이를 조절할 수 있습니다.

Before

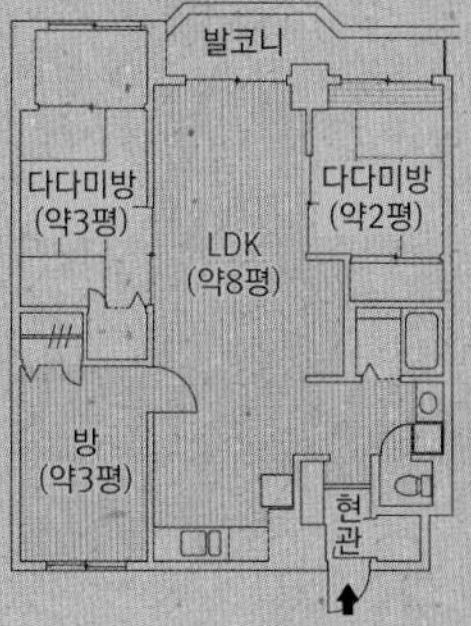

After

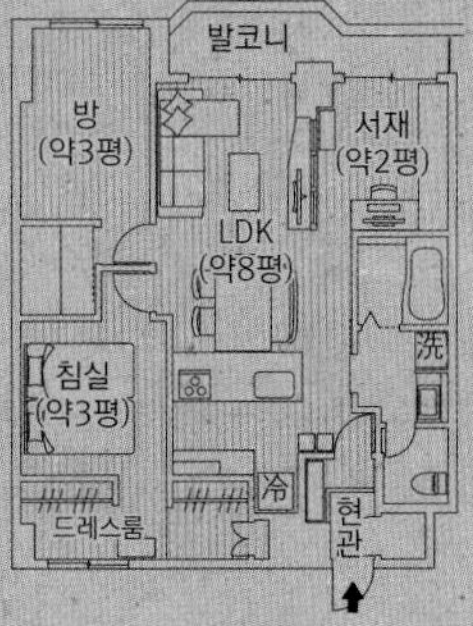

주요 리모델링 사항 / LDK의 천장을 철거하고 벽을 석회로 도장 / 바닥 교체 / 주방·식기선반 제작 / 텔레비전 장식장·DJ 부스·작업 카운터 제작 / 세면실과 화장실 내장·도기 교체 / 문 제작 / 드레스룸 제작 / 조명·스위치 교체 / 전기배선 변경 / 현관수납 교체 등

리모델링 DATA

가족구성 / T · H 씨(40세), 남편(40세)
건축년수 / 43년
공간구성 / 방3 + LDK → 방3 + LDK
총면적 / 73.98㎡(22.38평)
주택구입가격 / 6천8백만 원

리모델링 비용 / 9천만 원
리모델링 면적 / 73.98㎡(22.38평)
보강공사 / 없음
시공 / 도키메키디자인 · 아틀리에
HP / www.tokimeki-design.jp

Living Room

석고보드 등을 바르지 않고 콘크리트를 그대로 드러냈습니다. 바닥은 따스함이 느껴지는 원목의 질감을 즐길 수 있는 공간입니다.

Sanitary

세면대는 〈산와컴퍼니〉 제품. 벽면은 거울과 물건을 놓을 수 있도록 설계했습니다.

타일

〈산와컴퍼니〉의 월넛 화이트. 벽 타일이지만 바닥에도 통일시켜 깔았습니다.

Kitchen & Dining Space

바닥재

저렴하면서 질감이 우수한 원목 바닥재로 시공했습니다.

부부 모두가 건축 관계 일을 하고 있습니다. 우리만의 집을 갖게 되었을 때 제 손으로 헌 집을 리모델링하자고 약속했습니다. 아이의 성장과 더불어 살림살이도 변해가므로 우선은 비용을 줄여서 우리의 개성이 담긴 집을 완성하고 싶었습니다. 예산은 6천만 원으로 정했습니다.

집을 찾던 초기단계에는 저는 작은 방이 여러 개 있는 구조를 원했지만 남편이 "그렇게까지 필요한가?"라는 말을 하자, 생각해 보니 없어도 괜찮겠다는 생각이 들었습니다. 공사비용을 아껴야 하는 현실적인 문제도 있어서 자연히 미니멈으로 '쓸데없는 짓(?)은 말자'는 기본 방침이 세워졌습니다. 필요 없는 것을 지워나가자 원룸이 돼버린 형국이지요. 만든 것을 없애는 작업은 힘든 일이지만 나중에 벽으로 칸막이를 만드는 것은 간단합니다. 살면서 처음으로 '이곳이 최고!'라고 생각했습니다.

백 카운터

파인 집성재로 조리대 틀을 제작. 그 안에 〈이케아〉의 서류용 체스트를 3개 넣고 수납장으로 사용하고 있습니다.

시스템키친

〈산와컴퍼니〉의 컨트롤 아일랜드. 수도꼭지 위치가 높은 〈TOTO〉의 수전을 달았습니다.

내부 벽을 거의 철거해서
오픈형 원룸으로 만들어
우리만의 라이프스타일을 담았습니다.

apartment house
CASE 07

약 10평의 LDK와 1개의 다다미방, 2개의 양실이 있었지만 세면실, 욕실, 화장실 이외는 벽을 허물어 오픈된 공간으로 만들었습니다.

43년 된 아파트를 개성 넘치는 오픈형 원룸으로

Y · K 씨

리모델링 비용 6천만 원

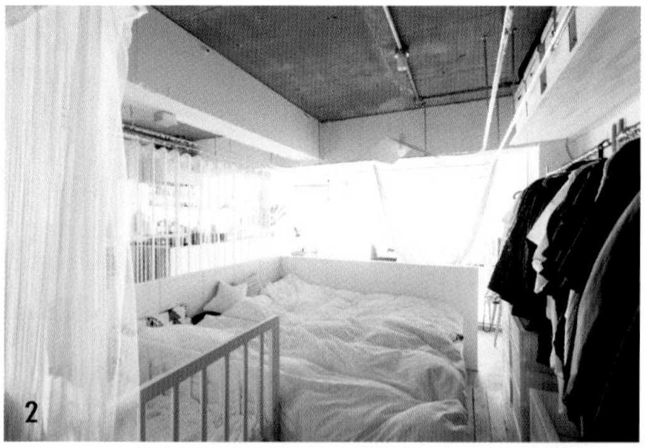

Bed Space

1 모르타르를 쓰고 싶어서 과감하게 침실 공간의 바닥을 모르타르로 마감했습니다. 허리 높이로 콘크리트 블록을 세워 적당히 공간을 구분했습니다. **2** 커튼을 달아 LDK에서 보이지 않게 시선을 차단합니다. **3** 벽에는 오픈형 옷장을 설치.

콘크리트 블록이 파티션 역할을 하고 바닥은 원목 바닥재와 모르타르…. 자연 소재와 거친 느낌의 소재를 믹스해서 깔끔하면서 차분한 공간으로

바닥재를 달리해서 거실, 주방, 침실을 구분했습니다. 주방은 바닥을 한 단 높이고 타일을 깔았습니다.

어떻게든 쓰고 싶었던 것이 바로 모르타르와 원목 바닥재, 콘크리트 블록. 되도록 적은 종류의 소재로 내장을 통일시켰습니다. 공간에 통일감이 살아나고 비용 절감이라는 크나큰 장점도 있기 때문입니다.

80㎡(약 24평형) 원룸이라면 놀라는 사람도 있지만 어린 아이가 있는 저희에게는 딱 맞는 크기. 집 안의 어느 곳이든 아이를 볼 수 있어서 그 또한 안심입니다. 다만 자는 것도, 텔레비전을 보는 것도, 식사를 하는 것도 모두 같은 공간이어서 벽이나 문은 없지만 바닥이나 마루의 높이를 달리 해서 공간을 구분했습니다. 아이가 자라서 따로 방이 필요하면 벽을 세워 방을 만들어도 좋고, 그때는 이 집을 임대하고 이사를 가도 좋다고 생각합니다.

라이프스타일의 변화와 함께 사는 곳도, 공간도 유연하게 바꾸어 나가고자 하는 것이 저희 가족의 스타일입니다.

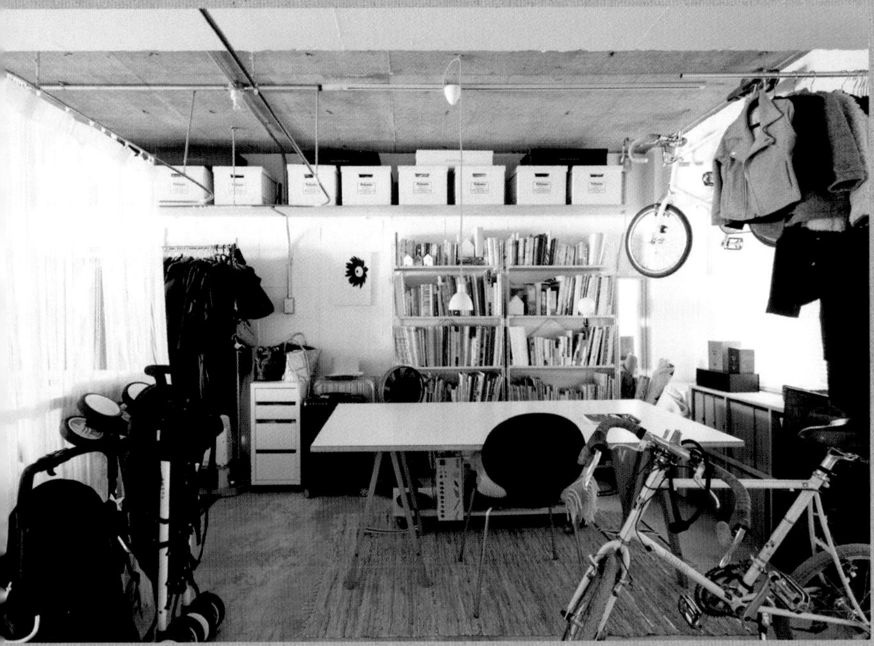

Work Space

현관 옆은 작업 공간으로 사용할 계획이었지만 자전거나 유모차 등을 놓는 수납 창고도 겸하고 있습니다.

Entrance

현관 바닥과 실내의 모르타르 바닥을 구별하기 위해서 10㎜ 단차를 두었습니다. 압박감이 느껴지지 않는 것이 장점.

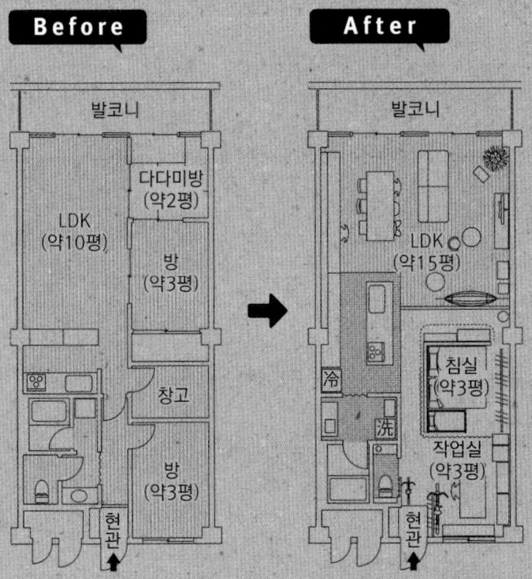

주요 리모델링 사항 / 공간 배치 변경(방3 + LDK → 1R) / 천장고를 높이고 전기배관은 철제관으로 교체 / 설비기기 교체 / 세면대와 싱크대처럼 물이 닿는 곳과 침실 공간을 콘크리트 블록으로 구분하고 흰색 도장 / 현관·침실 공간·화장실 바닥을 모르타르 마감 / 거실·식당은 원목 바닥재로 교체 / 주방과 세면실 바닥을 높여서 타일로 마감 / 주방 조리대·신발장 제작 등

Toilet

1 전체적으로 심플한 나머지 집안에서 가장 차분해지는 공간입니다. 2 콘크리트 블록을 쌓아올린 벽. 세로로 긴 문이 꾸미지 않은 듯 멋스럽습니다.

리모델링 DATA

가족구성 / Y · K 씨(34세), 남편(40세), 아들(3세)
건축년수 / 43년
공간구성 / 방3 + LDK → 1R
총면적 / 85.51㎡(25.87평)
주택구입가격 / 1억7천만 원
리모델링 비용 / 6천만 원

리모델링 면적 / 85.51㎡(25.87평)
보강공사 / 없음
설계 / 고마쓰 유키코
시공 / homeplanner
HP / www.homeplanner.co.jp

SECTION 03

Writing
Ohno Shoko
Oyama Yuko
Kobayashi Mayu
Photograph
Azuma Yasuhide
Ohnaka Kei
Matsumura Takafumi

빈티지 하우스의 리모델링에 어울리는 자재, 설비, 가구, 조명

예스러움을 살린 리모델링을 원한다면 그에 어울리는 건축 자재, 설비, 가구, 조명도 빈티지스러운 것을 고르는 것이 포인트입니다. 이 책에 소개된 15개 주택에서 주목할 만한 아이템을 살펴보았습니다.

Floor
바닥재

바닥은 면적이 넓은 만큼 방의 분위기를 좌우하는 중요한 요소. 비용의 비중을 늘려 고재료나 전통적인 디자인을 고르거나 에이징 가공을 한 건축자재 사용을 추천합니다.

p.038

M 씨

사진의 왼쪽 바닥은 합판 끝을 비스듬히 잘라서 맞춘 프렌치 헤링본의 전통적인 디자인. 〈NISSIN EX〉 제품. 12만 원/㎡.

p.038

M 씨

시공회사 〈DEN PLUS EGG〉가 독자적으로 매입한 참나무 원목으로 쪽매붙임을 한 바닥으로 예스러운 분위기가 멋스럽습니다. 12만 원/㎡.

p.086

T 씨

스테인리스 주방의 분위기에 맞춰 바닥은 〈산게쓰〉의 쿠션 플로어 CM1239. 약 3만9천 원/㎡.

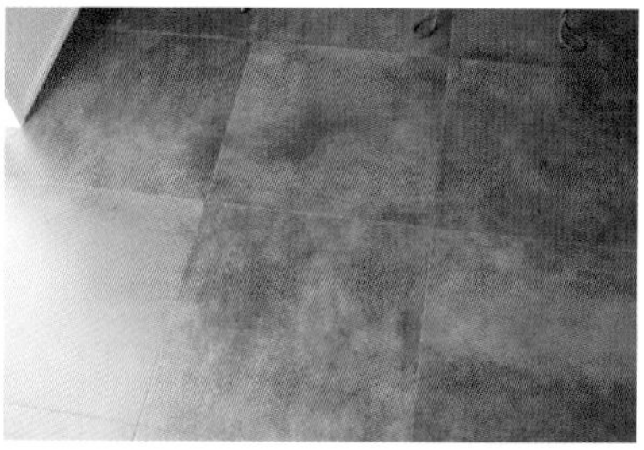

p.074

E 씨

세면실의 바닥재로 빈티지 느낌의 〈산게쓰〉 플로어 타일을 선택했습니다. 라페제스톤 IS738. 시공비 별도로 4만5천 원/㎡.

p.074

E 씨

현관 바닥은 모르타르에 먹을 섞어 진한 색감으로 마감. 잔금이 보이긴 하지만 그것도 매력이라 할 수 있습니다. 시공비 포함해 약 20만 원/㎡.

p.030

N 씨

LDK에 〈WOODPRO〉 고목재 발판 널을 사용. 오일 마감 처리비용을 포함해 약 8만5천 원/㎡. 거친 느낌의 나뭇결이 고가구와 잘 어울립니다.

Sink

세면대

오래된 것을 좋아하는 사람들 사이에서 부동의 인기가 있는 〈TOTO〉의 세면대. 외국 브랜드의 세면대는 우아한 디자인과 복고적인 분위기의 제품들이 가득합니다.

p.008

I 씨

폴란드 〈VitrA〉사의 S20 Umywalka. 부드러운 모양과 색감이 마음에 들었습니다. 시공자의 제안으로 선택.

p.074

E 씨

〈TOTO〉의 SK6은 깔끔한 디자인과 커다란 크기가 좋았습니다. 시공비 별도로 약 16만 원.

p.098

K 씨

〈산와컴퍼니〉의 카리사 900. 일체형으로 편리하며, 매트한 질감이 좋아서 선택했습니다. 48만8천 원.

p.046

Y 씨

〈산와컴퍼니〉의 리시오 750. 둘레는 사각형이고 안으로는 둥근 디자인이 마음에 들었습니다. 깊이가 있는 점도 장점. 39만8천 원.

Range & Hood

레인지와 후드

해마다 유행하는 종류가 다르지만, 최근에는 가스레인지에서 전기레인지로 바뀌어 가는 추세입니다. 이 책에 소개된 주택은 아직까지는 가스레인지가 대세. 레인지후드는 깔끔한 디자인이 트렌드입니다.

p.016

S 씨

커다란 화구격자가 멋진 〈하맨〉의 빌트인 곤로 PLUS do. 그릴에 밥을 지을 수 있을 정도로 화력이 센 것도 장점입니다.

p.008

I 씨

〈린나이〉의 RD640STS. 화구격자를 들면 상판이 평평해서 청소하기 쉽습니다.

p.086

T 씨

〈산와컴퍼니〉오쏘 시리즈인 아일랜드 타입. 직선적인 외관이 세련돼 인기가 높습니다.

Table & Chair

식탁과 의자

리모델링 계획에 맞춰 새로 장만하고 싶은 것이 식탁과 의자입니다. 철제와 나무를 적절히 섞은 디자인은 빈티지 하우스에 안성맞춤. 진품인 빈티지라면 더욱 어울립니다.

p.038

M 씨

상판의 길이를 조절할 수 있는 식탁은 〈E.GOMME〉사의 G-PLAN, 의자는 〈아코르〉 제품으로 모두 빈티지. 오카야마 현의 〈악시스 클래식〉에서 두 제품 합계 약 250만 원.

p.094

H 씨

고목재의 분위기에 어울리는 제품을 골랐습니다. 식탁과 의자는 〈CRASH GATE〉의 Knot antiques 시리즈. 식탁은 Putra II 테이블로 86만4천 원. 의자는 〈NOCE〉의 TS3534-105M. 17만8천 원.

p.054

O 씨

식탁은 도야마 현에 있는 〈wood space〉에 주문한 것입니다. 86만4천 원. 나무와 철제의 균형감이 마음에 들어 구입한 〈a.depeche〉의 danis short arm chair. 개당 약 26만 원.

Chair

의자

빈티지 하우스에는 우아한 의자가 어울립니다. 다이닝 룸의 의자로 가족 구성원 각각이 다른 것을 사용하는 것도 멋스럽게 느껴집니다. 거실에는 소파를 놓는 대신 일인용 의자를 두는 집도 있답니다.

p.038

M 씨

고베 시의 〈기타노이스토〉에서 발견한 제품. 파란색 소파는 미국산 빈티지로 천갈이를 했습니다. 빨간색은 덴마크산. 2개에 약 3백만 원.

p.068

F 씨

〈ATIC〉의 클린톤 체어. 후쿠오카 현의 〈COLET〉에서 발견해 좌판을 교체해서 구입했습니다. 50만 원.

p.024

U 씨

후쿠오카 현의 〈푸치 마켓〉에서 찾아낸 〈EAMES〉의 빈티지. B급 품이어서 유명 디자이너 상품을 20만 원에 구입할 수 있었던 것은 운이 좋았습니다.

p.068

F 씨

〈세키카구〉의 시더라운지 체어 WH와 스툴. 북유럽풍의 디자인과 안락함이 마음에 들었습니다. 의자는 75만 원. 스툴은 15만6천 원.

p.068

F 씨

등나무와 철제가 어우러진 〈IDEE〉의 바바스 체어. 엉덩이 부분이 딱 맞아 앉았을 때 편안합니다. 〈IDEE〉의 온라인 숍에서 구입. 약 25만 원.

p.068

F 씨

예술품 같은 디자인에 한눈에 반한 나머지 즉시 구입했습니다. 폴리카보네이트와 등나무를 이용해서 만든 〈MAGIS〉의 사이보그 클럽. 68만 원.

p.074

E 씨

웹사이트 몰 〈Hammock2000〉의 멕시코 해먹. 집에서는 물론 야외에서도 아이와 사용하고 싶은 마음에 구입했습니다. 16만 원.

Light

조명

빈티지 하우스에는 조명 하나로 전체를 밝히는 형광등이나 실링라이트는 어울리지 않는 품목. 펜던트 라이트, 브래킷 등 각 공간에 어울리는 조명은 집안에 품격을 높여줍니다.

p.074

E 씨

나고야 시의 〈mitsuru〉에서 남편이 한눈에 반해 구입한 물건. 다이닝 룸의 주된 장식품으로 가격은 약 40만 원.

p.080

U 씨

도교 훗사 시의 앤티크 숍 〈로맨티카〉에서 구입. 거실 외의 조명과 어울릴 것 같아 선택했습니다. 약 40만 원.

p.008

I 씨

프랑스의 시골에 있을 것 같은 디자인의 조명기구를 찾아다닌 끝에 〈야후 옥션〉에서 낙찰. 전봇대 같은 둥근 기둥에 매달아 운치를 더했습니다.

p.030

N 씨

Wood Bracket WHARF를 5만8천 원에, Small Conic Shade를 1만5천 원에 〈악시스〉에서 구입해서 조립했습니다.

p.086

T 씨

인터넷 쇼핑을 하다가 발견한 작가의 조명기구. 약 12만 원에 구입. 인테리어의 강약을 위해 검은 색을 사용하기 시작한 즈음에 샀던 물건입니다.

p.038

M 씨

오사카의 후키가라스 공방 〈fresco〉의 tropmoc라는 상품으로 가격은 4만5천 원. 불을 켜면 노란색 차양이 달처럼 빛납니다.

p.030

N 씨

〈악시스〉에서 발견한 프랑스 앤티크. 가격을 잊어버렸지만 유백색의 프릴형 가리개가 너무 예뻐서 즉시 구입했습니다.

p.068

F 씨

아이 방에 설치한 〈TOM DIXSON〉 스타일의 조명기구. 모양이 다른 것을 3개 달았습니다. 해외 사이트에서 각 10만 원에 구입.

p.074

E 씨

아이들 방의 조명은 귀여운 것을 달아주고 싶어서 아이치 현의 〈TAiGA Lamp〉 CU5C라는 샹들리에를 선택. 25만 원.

p.038

M 씨

오카야마 현 구라시키 시의 인테리어 숍 〈Womb brocante〉에서 찾아낸 시저램프. 주방 가까이에 두고 사용 중입니다.

p.068

F 씨

〈H.P.DECO〉에서 구입한 유리와 철제의 샹들리에. 중후한 유리에서 쏟아지는 빛이 따스함을 자아냅니다. 40만 원.

p.074

E 씨

앤티크 등은 아이치 현의 〈STORE IN FACTORY〉에서 구입. 전구는 〈아마존〉에서 구입한 것으로 나무 모양의 비즈 에디슨전구.

p.068

F 씨

니시우라 유타라는 조각가가 만든 조명기구입니다. 후쿠오카 현의 앤티크 가구점 〈Krank〉에서 구입. 바라보고 있으면 마음이 정화되는 기분입니다. 80만 원.

p.060

U 씨

작은 구멍에서 나오는 빛이 환상적입니다. 인터넷 쇼핑몰 〈UNIT〉에서 찾아낸 〈스타라이트〉의 썬라이트. 종이 제품으로 1개에 6만 원.

p.068

F 씨

원목의 따스함이 보기 좋은 〈ORNE DE FEUILLES〉의 오리지널 제품. 우드 다이닝 램프 내추럴. 19만 원.

Writing
Yuko Yagi
illustration
Nobuo Kusunoki

성공적인 리모델링을 위해 알아두어야 할 기초 지식

리모델링은 많은 장점이 있지만 그에 반해 위험 부담도 많습니다.
내 집 마련에 성공하려면 먼저 무엇부터 시작해야 하는지
물건을 고르면서 주의해야 할 사항을 정리해보았습니다.

Step 1

리모델링으로 얻을 수 있는 장점과 주의점

01 신축에 비해 적은 예산으로 선호하는 스타일의 집을 가질 수 있다

주택은 신축할 때 가치가 가장 높고 시간이 지날수록 가치가 하락한다고 알려져 있습니다. 지은 지 30년이 넘는 물건은, 건물 자체의 가치는 '제로'라고 생각되는 경우가 많으며 거의 땅값만의 가치로 구입할 수 있습니다. 건물을 부수지 않고 리모델링을 하면 기초와 외벽의 공사, 인프라 정비 등을 새로 만들 필요가 없으니 그 비용만큼 내장이나 설비에 예산을 돌릴 수가 있지요. 그래서 같은 조건이라면 신축보다는 리모델링이 싼 가격으로 집을 지을 수가 있는 것입니다.

02 같은 예산이라면 리모델링이 더욱 넓은 집을 지을 수 있다

오래된 주택과 같은 규모로 집을 지으려고 한다면, 신축의 경우 비용이 더 많이 듭니다. 그리고 협소한 땅에 재건축을 하려고 할 때, 그 토지에 지정된 건폐율에 따라 기존의 건물보다 규모가 작아지는 경우가 많습니다. 그래서 쓸 수 있는 비용이 같다면 신축보다 리모델링을 하는 것이 넓은 집을 지을 수 있습니다.

03 생활공간의 이미지를 파악하기 쉽다

리모델링은 그곳에 있는 물건을 보고 구입할 수 있기 때문에 크기나 공간의 이미지를 입체적으로 파악하기 쉽다는 이점이 있습니다. 이미 만들어진 구조를 기본으로 하여 더욱 살기 편한 배치를 검토할 수 있는 점도 빼놓을 수 없지요. 다만 집의 구조에 따라 실현할 수 없는 사항도 있어서 물건을 둘러보기 위해 시공사나 건축사를 동반해서 갈 필요도 있습니다.

도움말
Folka · 후쿠나가 히로코 씨

자연 소재를 이용한 집짓기로 인기 있는 오카야마 현의 건축사 사무소 〈Folka〉에서 설계를 담당. 2급 건축사와 인테리어 코디네이터 자격을 살려 '사는 이에 따라 오래 살수록 가치가 오르는 집'을 목표로 집을 짓고 있습니다. 현재 오래된 빌라의 한 동을 통째로 구입해서 리모델링해서 살고 있습니다.

Step 2

리모델링을 진행하는 순서를 알아두자

01 가장 먼저 시공회사를 정하자

물건을 찾기 전에 우선 시공회사를 정해서 상담을 하러 갑니다. 현재는 인스타그램이나 홈페이지에서 시공의 예를 알아볼 수 있으므로 원하는 스타일의 시공작이 많은 회사를 선택합니다. 증축이나 배치를 대폭 변경하는 등 규모가 큰 건축공사가 필요하다면 대응할 수 있는 기술과 경험이 있는 회사에 의뢰하는 것이 좋습니다. 또한 부동산 부서가 있는 시공회사를 선택하면 물건을 소개받을 수도 있습니다.

02 살고자 하는 지역을 정하고 오래된 주택을 찾아보자

인터넷 등의 부동산 정보를 부지런히 체크합니다. 이 단계에서는 대략적인 땅값이나 시세를 확인해두는 것이 중요합니다. 동시에 지역의 부동산에 가서 물건을 봐 둡니다. 그리고 살고자 하는 곳의 주변을 여러 번 산책해보는 것도 좋습니다. 지면이나 인터넷에서는 후보조차 오르지 못했던 물건의 좋은 점이 보일 수도 있으니까요.

03 시공회사의 담당자와 함께 물건의 예비조사를

원하는 물건을 찾았다면 시공회사의 담당자와도 상의를 합니다. 그때 리모델링의 이미지를 전달해두는 것이 중요합니다. 그러면 공간 배치의 변경이나 수도시설의 위치 등 원하는 물건이 어떤 것인지 담당자가 어느 정도 파악할 수 있습니다. 그리고 물건의 기초공사 문제나 흰개미 피해 등을 확인해 둡니다. 그러면 생각지도 않은 비용이 늘어나는 위험을 사전에 방지할 수 있습니다.

04 리모델링 계획을 세우자

리모델링 계획과 부동산 계약은 동시에 진행합니다. 물건 구입 비용과 리모델링 비용을 합친 총액을 '주택담보대출'로 신청하기 위해서는 먼저 시공회사와 상담해서 계획을 세우고 견적을 냅니다. 그러기 위해선 착공 전에 구체적인 건축자재나 방법까지 철저하게 알아둬야 합니다.

05 대출심사를 받고 부동산 계약을 한다

특정의 물건을 구입할 의사가 정해지는 시점에서 부동산중개업소를 통해 가계약을 진행합니다. 동시에 시공회사와 리모델링 기획을 진행하고 물건 구입가격과 리모델링 비용을 합산해 금융기관에 대출심사를 받습니다. 임시심사에 통과하면 부동산 본 계약을 진행합니다.

06 드디어 착공! 그 전에 먼저 이웃에게 인사를

노후된 주택을 리모델링할 경우, 기존의 집주인이 가졌던 지역의 커뮤니티에 도중에 새로운 집주인으로 들어가게 됩니다. 공사를 시작하기 전에 이웃에게 인사를 해두는 것이 중요합니다. 공사 완료 후에도 이사 왔다는 인사를 겸해서 조그만 선물을 준비하는 것도 좋습니다. 그렇게 하면 새로운 터전에서의 생활에 자연스럽게 적응할 수 있습니다.

Step 3

물건을 고를 때 알아두어야 할 사항

01 언제든 도움받을 수 있는 부동산중개업소를 찾는다

부동산중개업소를 방문할 때는 방문 전에 예약을 해서 원하는 조건을 전달해 둡니다. 그러면 상담시간을 더 확보할 수 있고 중개업소 측에서는 사전에 후보가 될 만한 물건을 준비해둘 수 있습니다. 되도록 다수의 중개업소를 가보고 후보 물건의 좋은 점뿐만 아니라 단점에 대해서도 알아보도록 합니다. 간략하게 설명해 주는 곳이 아닌, 과정을 착실히 밟아가며 진행해주는 업자를 찾습니다.

02 물건을 보러 갈 때는 3가지를 가지고 간다

후보 물건을 보러 갈 때는 주변의 지도, 카메라, 공간 배치도를 지참합니다. 지도를 가지고 가면 방위나 주변의 건물과 함께 현지의 상황을 파악할 수 있습니다. 또한 사진을 찍어두면 현장에서 놓쳤던 상황들을 나중에 사진을 보고 발견할 수 있습니다. 공간 배치도는 부동산 업자에게 달라고 부탁할 수 있습니다.

03 처음에 체크해야 할 기초 사항

공간 배치를 얼마나 살려둬야 할지, 또는 얼마나 변경하고 싶은지, 외관의 이미지에 맞는지(오염이나 파손은 리모델링으로 고칠 수 있지만 형태는 바꿀 수 없음). 햇빛은 어느 쪽으로 드는지, 창을 열어보고 통풍은 좋은지, 도로에서 본 현관의 방향이나 주차공간은 괜찮은지, 슈퍼나 학교, 공원, 병원, 산책 코스 등 주변 시설도 주거환경에 직결되는 문제이므로 꼭 체크해 두어야 합니다.

04 이상적인 생활에 맞는 구조의 집인지 확인하자

공간 구조를 변경할 경우, 그 규모가 크면 클수록 비용이 늘어납니다. 반대로 이상적인 구조에 가까운 집을 골랐다면 변경사항이 줄어 비용을 줄일 수 있지요. 특히 주방, 욕실, 세면실, 화장실 등 수도시설이 있는 공간의 변경이 필요한 집은 비용이 더 늘어날 가능성이 있습니다. 바닥 밑 배관을 고칠 필요가 있어서 그로 인해 바닥을 높이거나 배관을 추가해야 하는 부대공사가 필요하기 때문입니다.

05 노후 주택의 필수 체크 사항

기초나 구조에 노후된 흔적이 있는 집은 피하도록 합니다. 수리하는 데에 생각지 않은 비용이 들 가능성이 있기 때문입니다. 초심자라도 체크할 수 있는 3가지. ①창을 열고 닫아 본다. 개폐가 힘든 경우는 창의 고장 이외에 건물이 비틀어졌을 가능성이 있습니다. ②비가 샌 흔적은 없는지 살펴본다. 지붕 아래의 천장, 창문의 주변, 외벽의 지붕 주변 등이 체크 포인트. 지붕을 교체하려면 꽤 많은 비용이 듭니다. ③기초나 외벽에 균열은 없는지 확인합니다. 균열이 있는 경우, 기초나 내측에 파손이 있을 가능성이 있습니다. 이것들은 구입을 결심하기 전에 반드시 시공회사에 확인해두어야 할 사항입니다.

06 외벽의 낡음과 더러움은 고칠 수 있다

외벽이 더러워져 있거나 디자인이 낡은 경우는 공간 구조가 마음에 들어도 구입하고 싶지 않은 것이 사실입니다. 그러나 낡거나 더러운 것은 도장과 교체 등으로 어느 정도 분위기를 바꿀 수 있으니 선택 조건에서 제외합니다. 요즘에는 리모델링 전용의 근사한 도장 재료도 많습니다. 다만 볕이 잘 들지 않거나 습기가 많은 등의 환경에 영향을 받기 쉬운 장소에 세워진 경우는 개조에 한계가 있으므로 사전에 시공회사와 상담을 해두어야 합니다.

07 리모델링에 적합한 집이란?

낡았지만 제대로 만들어졌다는 느낌이 드는 공간 배치나 세부적 요소가 뛰어난 집은 잘 지어진 집인 경우가 많습니다. 그런 경우 기존의 문과 창문의 디자인을 살려서 빈티지 느낌을 연출할 수 있습니다. 또한 꼼꼼히 보수해서 유지된 흔적이 있는 집도 소중하게 다뤄진 증거입니다. 파손이 적은 만큼 수선을 할 필요도 적어서 보이는 부분의 리모델링에만 예산을 사용할 수 있습니다.

08 내진 기준을 충족하고 있는지 사전에 확인을

맘에 드는 집이 내진 기준에 충족하고 있는지, 리모델링에 따른 변경, 증축 등이 가능한지 부동산 소재지의 관할 관청에 문의해봅니다. 일정 기간 노후된 건물에 대해서는 리모델링 비용을 일부 보조해주는 제도도 있습니다. 이는 지방 자치제도에 따라 다르므로 관할 지자체에 확인합니다.

09 그 지역의 시세를 알아두면 가격을 흥정할 수 있다

요즘은 인터넷에서 물건 정보를 찾아볼 수 있습니다. 다양한 부동산 사이트에서 원하는 장소의 물건을 조사해둡니다. 그에 따라 대략적인 시세를 알 수 있습니다. 물론, 그 지역의 부동산에 문의해 보는 것도 또 하나의 방법. 눈에 드는 물건이 시세보다 비싸면, 파는 사람의 '팔고 싶은 기분'과 사는 사람의 '사고 싶은 기분'의 균형을 맞춰 타협점을 찾습니다. 희망하는 가격을 부동산중개업소 측에 전해서 교섭하도록 부탁합니다. 사려는 사람이 많은 경우는 값을 깎을 수 있는 희망이 별로 없기도 합니다.

Step 4

주택 외의 특수한 물건을 리모델링할 때 주의할 사항

01 일반 주택이 아닌 물건을 구입하는 예

기존의 건물을 기본으로 하는 리모델링의 경우, 창고나 병원 등 독특한 건물을 리모델링하는 즐거움도 있습니다. 본문에서도 창고나 병원을 리모델링한 예를 들어두었습니다. 또한 오래된 상점가에 있는 철골조의 창고나 낡은 목조 빌라 한 동을 통째로 사서 리모델링한 경우도 있습니다. 이러한 경우 주택과는 다른 건물의 건축양식을 살려서 개성 있는 리모델링 계획을 세울 수 있습니다.

02 상하수도 설비와 전기배선을 체크해두자

주택으로 사용되지 않았던 건물의 경우, 상하수도 설비나 전기의 설치 등 인프라가 깔려 있지 않은 경우가 많습니다. 이것을 새로 들이는 공사는 비용이 상당히 많이 들어 기존의 것을 쓸 수 있는 리모델링과는 다르게 결과적으로 신축과 다름없는 비용이 드는 경우도 있습니다. 원래 주택이 아니더라도 주방설비나 화장실이 있는 경우가 있으므로 시공회사에 사전에 문의해둡니다.

03 장점과 단점을 확인해두자

예를 들어 빌라 한 동을 통째로 구입하는 경우, 단독주택에 비해서 건물이 크더라도 건축년도에 따라서 건물의 가치가 없다고 간주되므로 땅값만으로 구입할 수 있는 이점이 있습니다. 다만 욕실 공간이 각 집마다 있기 때문에 해체하는 수고도, 철거하는 비용도 드는 경우가 많습니다. 또한 해외의 로프트처럼 철골조의 창고를 리모델링하는 경우, 큰 공간을 확보할 수 있고 개성 있는 설계도 생각할 수 있습니다. 다만 생활을 전제로 지어진 것이 아니기 때문에 채광이나 단열의 비용을 고려하면 비용이 늘어나고 용도변경 문제도 있어 꼼꼼하게 잘 따져봐야 합니다.

04 물건이 있는 지역에 따라 대출심사에 통과하기 힘든 경우도 있다

개발제한구역의 물건은 토지와 건물의 활용이 제한되어서 나중에 매매가 어렵거나 자산가치가 높지 않다고 판단될 가능성이 있습니다. 허가를 얻어 세워진 건물이 아닌 경우에는 주택담보대출이 되지 않는 등 불리한 경우가 있으니 사전에 확인하고 나서 구입을 검토해야 합니다. 다만 자신이 필요한 공사를 할 수 있으면 싸게 구입한다는 차원해서 좋은 기회일 수도 있습니다.

옮긴이 **홍미화**
일본 고베대학교 대학원에서 이중언어교육 석사 과정을 마치고 일본어 전문 번역가로 활동 중이다.
번역한 책으로는 〈프랑스인의 방에는 쓰레기통이 없다〉 〈아기와 함께 미니멀라이프〉 〈스타우브 무수조리〉
〈나가에의 심야상담소〉 〈여기는 아미코〉 〈이 슬픔이 슬픈 채로 끝나지 않기를〉 〈나를 잡아먹는 사람들〉 등이 있다.

빈티지 스타일 리모델링 & 인테리어
오래된 집의 매력을 살린 빈티지 하우스 만들기

초판 1쇄 발행 | 2019년 6월 7일
초판 2쇄 발행 | 2021년 1월 20일
지은이 | 주부와생활사
옮긴이 | 홍미화
책임편집 | 이미선
펴낸곳 | 윌스타일
펴낸이 | 김화수
출판등록 | 제2019-000054호
전화 | 02-725-9597
팩스 | 02-725-0312
이메일 | willcompanybook@naver.com
ISBN | 979-11-85676-55-5 13590

* 잘못된 책은 구입하신 곳에서 바꿔드립니다.

이 도서의 국립중앙도서관 출판예정도서목록(CIP)은 서지정보유통지원시스템 홈페이지
(http://seoji.nl.go.kr)와 국가자료공동목록시스템(http://www.nl.go.kr/kolisnet)에서
이용하실 수 있습니다.(CIP제어번호: CIP2019017780)